Les évolutions de la scierie française

Maurice CHALAYER

LES EVOLUTIONS DE LA SCIERIE FRANÇAISE

L'Harmattan

DU MÊME AUTEUR

ROMAN
Les promesses du haut pays
Éditions De Borée 1999
La paix des collines
Éditions De Borée 2000
Un buisson d'aubépine
Éditions De Borée 2006
Le secret de Jean
Éditions De Borée 2008
La tourmente
Éditions De Borée 2010
La terre de la discorde
Éditions De Borée 2012
La ferme des silences
Éditions De Borée 2014
Retour à Rochessac
Éditions De Borée 2015
Le genêt d'or
Éditions De Borée 2016
Le fils du vent
Éditions De Borée 2018
Les neiges du mont Argental
Éditions De Borée 2018

ÉTUDE SOCIOPROFESSIONNELLE
La scierie française : un métier d'expert
Éditions L'Harmattan 2002
La scierie française et ses enjeux
Éditions L'Harmattan 2005
L'avenir de la scierie française
Éditions L'Harmattan 2007
La scierie française et la production
Éditions L'Harmattan 2009
Mes apprentissages
Éditions L'Harmattan 2010
La scierie française et le commercial
Éditions L'Harmattan 2011
La scierie française et la productivité
Éditions L'Harmattan 2014
Le futur de la scierie française
Éditions L'Harmattan 2017

5-7, rue de l'École-Polytechnique ; 75005 Paris

http://www.editions-harmattan.fr

ISBN : 978-2-343-16710-7

EAN : 9782343167107

« Le soleil n'est jamais si beau qu'un jour où l'on se met en route »

J.Giono *''Les Grands Chemins'' 1951*

Remerciements

À Yves Poss pour son aide précieuse dans les recherches
Aux membres du réseau de l'Observatoire du Métier de la Scierie pour leurs relectures et leur soutien indéfectible.

INTRODUCTION

La scierie, un milieu discret, que l'Observatoire du métier de la scierie par l'intermédiaire de son animateur s'emploie dans une démarche passionnelle et sociologique à décrire depuis plus de vingt ans.

L'ouvrage « Les évolutions de la scierie française » se compose de quatre parties. Il reprend l'essentiel des travaux de l'Observatoire du métier de la scierie entre 2017 et 2019.

Sont abordés, dans les deux premières parties, les acteurs en présence, les évolutions du secteur entre 2005 et 2016, les particularités de la scierie feuillue, les problématiques spécifiques et la situation de la scierie française dans le contexte européen et mondial.

La troisième partie retrace les progrès techniques et technologiques au service de la scierie : caractérisation du bois, scierie 4.0, les évolutions relevées au salon Ligna d'Hanovre 2017, les évolutions portées par les constructeurs français (La scie à grumes Sawline 4.0 et la denture de scie au titanium).

La quatrième partie dresse une vision prospective sur l'avenir de la scierie à l'horizon 2025. Cette partie a été soumise à relecture d'une trentaine d'acteurs professionnels (exploitants forestiers, scieurs, fabricants de matériels, utilisateurs du matériau), ce qui a permis d'en ajuster la pertinence et le contenu.

Le travail d'explicitation des premières parties se veut pédagogique dans le sens où il contribue à davantage éclairer les problématiques soulevées dans ce livre, et à émettre des solutions d'avenir.

Une certitude : le milieu va poursuivre sa lente concentration et va à l'horizon 2025 frôler la barre des 1000 scieries. L'incertitude : le milieu sera-t-il capable de produire plus en volume avec les moyens productifs actuels ? Difficile de le dire. On l'espère. La ressource forestière devrait le permettre ainsi que les outils de production de type 4.0. Mais que sait-on de demain, de la situation économique, de la vitalité des mises en chantiers dans le bâtiment, des investissements, de la transmission des entreprises, des compétences salariales ?

En résumé, ce livre est une grille de lecture ouverte sur un métier spécifique : le sciage du bois. Un milieu méconnu, on peut même dire secret, peu étudié sous l'angle sociologique, et qui suscite de nombreuses interrogations au sein même du secteur et parmi les partenaires en amont (mobilisateurs de la ressource) et en aval (utilisateurs du produit) du métier.

Maurice CHALAYER
Président fondateur de l'Observatoire du métier de la scierie

PREMIÈRE PARTIE

État des lieux de la scierie française

LES SCIERIES ARTISANALES ET SEMI-INDUSTRIELLES ANIMENT LE TERRITOIRE

Dans le contexte des quelque 1500 scieries françaises[1] recensées par Agreste en 2016, autant le secteur industriel, soit 5 % de l'effectif pour 75 % du volume produit, est plus aisé à cerner, autant celui des petites et moyennes structures l'est moins tant il est empreint de diversité et de spécificité. Des éléments qui en font « la marque de fabrique » et qui surtout sont très appréciés dans le monde rural où les entreprises, le plus souvent familiales, sont essentiellement installées.

Scieries artisanales ou ''scieries de services''

Les scieries artisanales, fixes ou mobiles, 60 % de l'effectif pour 6 % du volume produit, sont devenues des « scieries de services » offrant des produits de sciages bruts (charpente sur-mesure, emballage, plot, frises, avivés, traverses SNCF et paysagères…), du sciage à façon, des produits de négoce entreposés de plus en plus souvent sur des racks, facilement accessibles. Des showrooms accueillants ont même été créés. Ils mettent en avant des produits spécifiques de quincaillerie ou de traitement par exemple. Mais, surtout les clients y trouvent des conseils quant au choix des essences, sur la mise en œuvre du bois et ses traitements de préservation.

Propriétaires forestiers, coopératives et exploitants forestiers sont satisfaits de trouver ces scieries afin d'écouler gros bois résineux, petits lots et essences diverses qui ne trouvent pas preneur dans le secteur industriel. Satisfaction identique de la part des utilisateurs de sciages, professionnels et particuliers, qui trouvent chez les artisans non seulement « le mouton à cinq pattes », par exemple les grandes longueurs et grosses sections de produits massifs demandés dans la rénovation, mais aussi la réactivité, c'est-à-dire la réponse dans l'après-midi à la commande du matin.

---

[1] 845 travaillent les résineux et 655 les feuillus, dont une moitié est constituée de scieries feuillus ''purs''. Pour en savoir plus « Quel avenir pour les scieries de feuillus ? » Le Bois international, samedi 15 juillet 2017.

Sans parler de l'attrait que trouvent les particuliers à venir « acheter du bois » en direct, chez le producteur, le conseil en plus !

Type scierie (d'après l'Observatoire métier scierie)	Volume sciages en m^3	Nombre scieries	%	Volume scié m^3	%	Productivité moyenne en m^3/scierie
Scieries artisanales « Scieries de services »	*1 à 499*	*528*	*35*	*88 000*	*1*	*167*
	500 à 999	*190*	*13*	*136 000*	*2*	*716*
	1000 à 1999	*181*	*12*	*266 000*	*3*	*1470*
	total	**899**	**60**	**490 000**	**6**	**545**
Scieries semi-industrielles	*2000 à 3999*	*212*	*14*	*549 000*	*7*	*2590*
	4000 à 5999	*110*	*7,5*	*556 000*	*7*	*5055*
	6000 à 9999	*111*	*7,5*	*847 000*	*11*	*7631*
	10000 à 19999	*87*	*6*	*1 207 000*	*15*	*13874*
	total	**520**	**35**	**3 204 000**	**40**	**6162**
Scieries industrielles	20 000 et + **total**	**75**	**5**	**4 278 000**	**54**	**57 040**
		1494	100	**7 972 000**	100	

État des lieux de la scierie française en 2016 :
Source Agreste et Observatoire métier scierie

Présence à un salon et intérieur du showroom de la scierie artisanale Lion, située à Combre dans La Loire

Les scieries semi-industrielles se spécialisent

Les scieries semi-industrielles, 35 % de l'effectif pour 40 % de la production, sont les grandes sœurs des scieries artisanales dont elles sont souvent issues. Spécialisées feuillus ou résineux, mais parfois aussi travaillant sur les deux tableaux. La principale particularité étant la diversité des productions avec des volumes de sciages pouvant monter, pour les plus grandes scieries, jusqu'à près de 20 000 m^3/an.

Par exemple ce peut être une mixité charpente sur-liste et charpente standard pour une scierie de résineux, sapin, épicéa, douglas, ou encore dans le feuillu dur (chêne) une scierie capable de produire tout autant de la traverse SNCF et paysagère, du plot et même de la frise et de l'avivé. Et encore dans le feuillu tendre, peuplier, la scierie type de produits d'emballage alimentant pour une partie la fabrique de palettes de l'entreprise et pour l'autre des confrères emballeurs.

Refonte totale, en 2016, de l'aval de la scierie Falcon, St Chély d'Apcher, Lozère : centre de reprise et chaîne de triage LBL, pour les débits résineux charpente

Le ruban à grumes à bornes indépendantes, Sera-Gillet, indispensable pour la transformation du chêne et du hêtre à la scierie Mauté, Arbot, Haute-Marne

Investissements dans les deux secteurs

L'investissement dans l'outil de production est un passage obligé. Si le secteur artisanal ''recycle'' le plus souvent du matériel d'occasion venant d'autres scieries (arrêt de l'activité, dépôt de bilan, etc.), le secteur semi-industriel, lui, renouvelle son matériel vieillissant, le plus souvent, par du matériel neuf : scie à grumes, déligneuse, mais aussi matériel de manutention, en particulier des ventouses, des chaînes de tri et des empileuses qui n'ont rien à envier aux grosses scieries.

La modernisation des équipements, une évidence pour les petites et moyennes scieries qui n'ont pas le choix. Elles sont tenues d'améliorer les conditions de travail pour un personnel de plus en plus difficile à recruter, mais aussi pour gagner en productivité et en qualité de sciage.

Des investissements lourds, parfois de la valeur d'un chiffre d'affaires annuel. Les chefs d'entreprise n'hésitent pas à dépasser ce cap, pour maintenir à niveau leur outil de production

La problématique essentielle restant la partie commerciale difficile à gérer et à déléguer pour des ''patrons ouvriers'' plus ''chefs d'orchestre'' que fins stratèges commerciaux.

Le groupement, la solution pour être moins seul

Rejoindre un groupement est certainement une des solutions pour dépasser un certain ''individualisme chronique'' de la plupart des producteurs de sciages. Si peu d'artisans scieurs franchissent le pas, les semi-industriels le font plus facilement. On les retrouve dans des groupements commerciaux valorisant un territoire ou un produit. Les exemples de réussite sont nombreux et durables. Il y a encore des groupements informels entre collègues pour répondre à tel ou à tel marché, preuve là-aussi que les individualismes peuvent être dépassés.

Difficulté cependant pour les deux types d'entreprise d'être représentés à cause surtout des difficultés pour le dirigeant de se rendre disponible, trop occupé au sein de son entreprise. Il faut dire que de nombreux challenges sont à relever au quotidien : l'approvisionnement, le débit proprement dit, les commandes à trouver, la gestion et le management des salariés, sans parler des rapports avec les banques…

L'avenir à moyen terme des scieries artisanales et semi-industrielles : Source Observatoire métier scierie	
Atouts	**Enjeux**
-Très bonne connaissance du bois et des massifs de proximité où il est prélevé -Interprofession très impliquée dans le soutien aux scieries du secteur -Posséder en France des constructeurs de matériels de scierie : outils de sciage, machine de débit, informatique dédiée, manutention, revalorisation… -Vente directe et effet positif du ''bouche à oreille'' -Circuit court -Service livraison et même levage de charpente -Accueil des clients dans un espace dédié et non plus ''au pied de la scie'' -Association d'une autre activité : fabrication et pose de charpente, fabrication de parquets, de bardages, de clins, etc.	-Poursuivre l'animation territoriale tant dans les emplois directs et indirects générés -Réponse aux marchés locaux -Poursuivre la valorisation de la ressource locale -Valorisation des gros bois résineux, des petits lots et des essences diverses -Réponse aux demandes du ''sur-mesure''
Faiblesses	**Craintes**
-Faibles moyens capitalistiques -Démarche commerciale -Faible représentation professionnelle -Un certain individualisme	-Poursuite des arrêts d'activité : retraite, dépôt de bilan, obsolescence du matériel… -Des zones du territoire qui ne sont plus couvertes par des scieries -Des approvisionnements trop coûteux ou insuffisants (cas du chêne) -Menace sur les produits massifs de plus en plus concurrencés par le bois massif reconstitué (BMR) ou la charpente industrielle (fermette) -Forte concurrence sur les prix des sciages résineux, engendrée par les grands groupes

Paquets de sciages labellisés Jura Supérieur. Scierie Jurasciages, Orchamps Vennes, Doubs

L'avenir ?

Pour l'avenir proche, un vrai créneau va continuer à exister pour les artisans scieurs avec des points forts comme le service, le circuit court, l'emploi du bois local, les livraisons rapides chez les particuliers ou sur les chantiers et bien entendu le travail ''sur-mesure''.

L'avenir sera plus difficile sans doute pour les scieries semi-industrielles, car il leur conviendra de choisir entre deux modèles : soit renforcer la structure semi-industrielle et la diriger vers davantage de revalorisation, soit monter en production, avec de nouveaux investissements et, dans ce cas-là, rejoindre les confrères du secteur industriel. En tout état de cause, les scieries semi-industrielles n'auront jamais la structure des scieries industrielles intégrant transformation, granulation et cogénération, ni la flexibilité et le service des petites scieries.

Malgré cela, il existera toujours des marchés de niche propres à satisfaire les structures de sciage moyennes. Encore faudra-t-il les découvrir et y répondre avec réactivité et professionnalisme.

Les deux secteurs devraient à moyen terme profiter pleinement, aussi bien d'une conjoncture favorable dans la construction que de la transition énergétique valorisant les produits connexes : écorces, sciure et plaquettes.

Encore faudra-t-il développer les démarches commerciales, ce que font déjà de nombreuses scieries artisanales et semi-industrielles en participant à des salons locaux, mais aussi nationaux, comme Le Carrefour International du Bois à Nantes.

L'INDUSTRIE DU SCIAGE REPREND CONFIANCE ET BOOSTE SA PRODUCTION

La scierie industrielle dans les starting-blocks

Le regard posé sur le secteur du sciage industriel du résineux français montre que, malgré la crise économique sévère, il s'est ''accroché'' pendant une décennie en maintenant son volume de sciage. Il a surtout poursuivi son plan de modernisation tant dans le matériel de transformation que dans celui de la valorisation des sciages et, plus particulièrement, dans l'obtention de produits techniques en bois contrecollé, abouté, lamellé[2]. Sans omettre des investissements conséquents dans les centrales de cogénération et de granulation.

Cependant cette progression mérite d'être poursuivie et soutenue, dans la mesure où la scierie industrielle française de résineux est encore loin du niveau de performance volumétrique de l'Allemagne, sa plus proche voisine (plus de 20 Mm^3).

Les scieries sont à présent dans les starting-blocks pour regagner le volume de sciage résineux d'avant-crise, mais plus sûrement le dépasser si les commandes répondent aux promesses de reprise de la consommation corrélée à celles du secteur du bâtiment, qui annonce pour 2017 le franchissement de la barre des 400 000 mises en chantier. Une visibilité améliorée et surtout des commandes non plus à quelques jours, mais à quelques semaines devraient permettre de passer les hausses de prix tant attendues et redonner de l'oxygène à tout le milieu professionnel.

Associer canter et ruban conventionnel pour la transformation des gros et très gros bois

Dans les scieries industrielles à vocation charpente (traditionnelle et industrielle), les canters se sont peu à peu agrégés, au fil des trois dernières décennies, aux lignes de sciage ruban existantes. Pour les dirigeants, la transformation massive et rapide des petits et moyens diamètres résineux vise

---

[2] CLT (Cross Laminated Timber), BMA (Bois Massif Abouté), BMR (Bois Massif Reconstitué), BLC (Bois Lamellé Collé), LCA (Lamellé Collé Abouté).

la productivité maximale. Un objectif incontournable dans le but de rester compétitifs.

Selon la taille et les moyens financiers de l'entreprise, un canter seul peut opérer avec un carrousel qui ramène les produits à l'avant de la machine ou ce peut être une ligne complète comprenant canter de tête et canter de reprise à base principalement de scies circulaires. Contrairement aux pays nordiques qui utilisent aussi des lignes à base de ruban-quad[3].

Les lignes ruban à base de scie à grumes associées à des centres de reprise équipés de scies circulaires n'ont donc pas pour autant disparu des schémas de production des scieurs industriels, qui, culturellement, restent attachés aux rubans conventionnels. En point de mire, la possibilité de poursuivre la transformation des gros, voire des très gros bois impossibles à cantériser. Une démarche pas seulement française puisque les scieurs allemands, à l'exemple de Pröbstl en Bavière (550 000 m^3 de grumes résineuses) qui, dès 2008, a installé un ruban à grumes de 180 cm avec slabber et centre de reprise dans le but d'extraire la qualité hors cœur des diamètres supérieurs à 45 cm.

Des connexions mécanisées existeront de plus en plus entre les deux techniques de sciage. L'objectif : débiter des noyaux ou plateaux au ruban de premier débit et terminer les sciages en qualité circulaire sur la ligne de cantérisation.

De plus, une nouvelle génération de canters dits à « bois forts » peut assurer le débit des diamètres de 65 cm, voire 75 cm. Un outil de production qui permet déjà à certains scieurs de s'exonérer totalement d'une ligne ruban.

De nombreuses structures se sont spécialisées dans le sciage des petits diamètres afin d'obtenir des sciages destinés à alimenter en priorité leurs propres usines d'assemblage de palettes, mais aussi pour en vendre à des assembleurs non équipés en matériel de sciage.

Des scieries sont dotées de lignes de sciage canter circulaires ou de lignes de sciage suspendu pour des unités plus modestes, mais passant des diamètres plus importants.

---

[3] Le Bois international du 17.11.2017 « Le sciage en ligne ultrarapide d'une scierie suédoise ».

DE PLUS EN PLUS DE BOIS TECHNIQUES DANS LA CONSTRUCTION

Marc Siat, directeur général de la scierie Siat, Urmatt, Bas-Rhin, exprime son point de vue sur l'évolution des marchés du résineux

« La structure du marché des grumes résineuses exige de plus en plus de petits et moyens bois. Au niveau des sciages, le consommateur final est aujourd'hui ''friand'' de bois blanc (épicéa) à petits nœuds. Le marché pour les gros bois, et notamment les gros sapins en augmentation constante dans nos forêts est encore à identifier et à construire. Il s'agit d'un des défis majeurs de la filière dans les années qui viennent. Les marchés de la construction exigent de plus en plus des bois techniques, secs, calibrés ou rabotés. L'utilisation croissante du bois dans les murs de la maison, l'aménagement des combles, voire l'utilisation plus récente du bois dans des immeubles de moyenne et de grande hauteurs pousse les industriels à investir dans la 2e transformation.

La scierie française, jusqu'ici focalisée sur le marché de niche du bois brut est rattrapée au niveau international par le marché et l'établissement de grands standards. Elle doit d'urgence investir pour rattraper en quelques années 30 ans d'évolution chez nos grands voisins autrichiens, allemands, scandinaves ou américains. Le défi est de taille, mais la survie est à ce prix »

La scierie Siat, la plus grande production de sciages en France sur un seul site

Évolution du secteur entre 2005 et 2016

Pour la classe de production de 20 000 m^3 de sciages et plus qui correspond à la classe où se trouvent les scieries industrielles de résineux, nous remarquons :

- alors que sur l'ensemble des scieries 612 unités sur 2106, soit 29 %, ont été perdues en 11 ans, il y en a eu seulement 16 sur 91, soit 17,5 % dans cette classe supérieure ;
- alors que sur l'ensemble des scieries 20 % du volume de sciage ont été perdus, nous constatons seulement 1 % de perte de volume dans la classe 20 000 m^3 et plus ;
- que malgré la perte de 17,5 % des scieries de type industriel, nous constatons une augmentation de la productivité par scierie de près de 20 % en 11 ans et, cela malgré la crise qui a duré près d'une décennie ;
- que la part du volume de la classe de 20 000 m^3 et plus sur l'ensemble du volume scié est plus importante en 2016, soit 53,5 %, que les 43,5 % de 2005. Une hausse de 10 % qui montre bien la hausse de productivité du secteur et une relative structuration ;
- enfin, nous relevons que 5 % des scieries réalisent 53,5 % du volume total de sciages réalisés dans la classe 20 000 m^3 et plus.

Ligne de sciage de petits diamètres à la scierie Garmier, La Chapelle-sous-Dun, Saône-et-Loire

Evolution entre 2005 et 20016 des scieries industrielles françaises produisant 20 000 m^3/an de sciages et plus. Source Agreste : EAB								
Année	*Nombre scieries total en France*	*Volume total de sciage m^3 en France*	*Productivité m^3/scierie en France*	*Nb scieries de la classe 20 000 m^3 et +*	*Part en % du nombre de scieries de la classe 20 000 m^3 et +*	*Volume de sciages de la classe 20 000 m^3 et +*	*Productivité /scierie de la classe 20 000 m^3 et +*	*Part en % du volume de sciage de la classe de 20 000 m^3 et + par rapport au volume total de sciage*
2005	**2 106**	**9 932 000** (Dont résineux 7 717 000)	4 717	91	4,5 %	4 313 000	47 396	43,5 %
2016	**1 494**	**7 971 000** (Dont résineux 6 400 000)	5 335	75	**5 %**	4 278 000	57 040	**53,5%**
Écart	- 612	-1 961 000	+ 618	-16	+ 1 %	-35 000	+ 9 644	+ 10 %
%	-29 %	-20 %	-13 %	-17,5 %		-0,8 %	+ 20 %	

Un volume de sciage industriel en reconstruction

À la lecture du graphique ci-dessous, nous constatons qu'après le sommet de production de 4,65 Mm^3 en 2007, nous remarquons une chute de plus de 1,26 Mm^3 en 2009 qui correspond à l'immédiate après crise de 2008.

Il s'ensuit une remontée en 2011, puis une nouvelle baisse jusqu'en 2015 pour assister enfin à une remontée en 2016 en dessus de 4 Mm^3 de sciages.

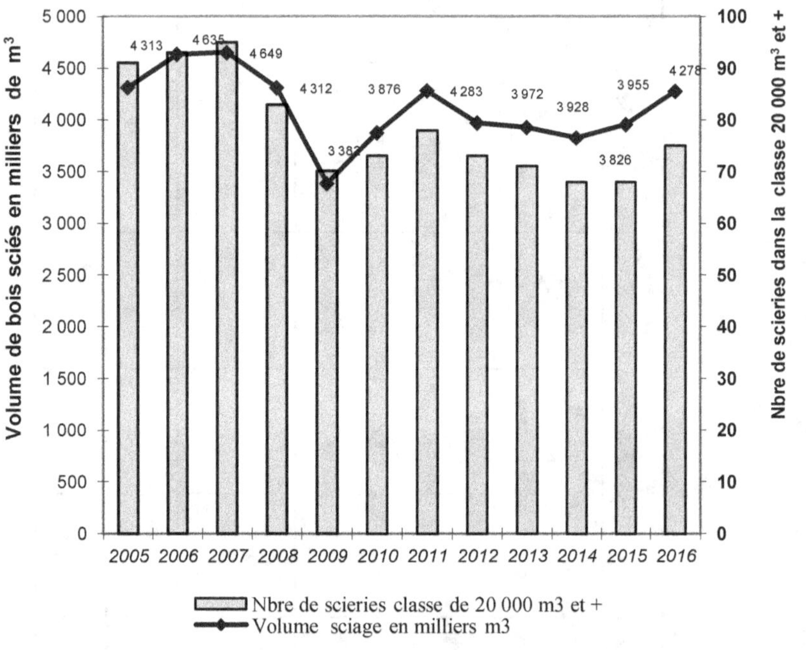

Évolution entre 2005 et 2016 des scieries françaises de la classe 20 000 m^3 et plus de sciage : source Agreste EAB et Observatoire métier scierie.

LA SCIERIE INDUSTRIELLE RÉSINEUSE VUE PAR LA FNB

Nicolas Douzain, délégué général de la Fédération nationale du bois, FNB, dresse un bilan économique du secteur industriel du sciage et dresse les perspectives de développement.

« Les scieries résineuses françaises, qu'elles soient orientées bois construction ou d'emballage retrouvent des couleurs, excepté en pin maritime où le manque d'approvisionnement se fait durement sentir.

La baisse d'activité nationale, amorcée fin 2007-début 2008, n'a été enrayée qu'au début 2016, et la reprise ne s'est véritablement matérialisée et généralisée qu'à partir de l'automne 2017.

Après trois trimestres consécutifs de forte hausse d'activité pour les scieries résineuses, on peut commencer à affirmer que la croissance est désormais de retour. Le signe le plus tangible reste le rattrapage des prix observés, signe d'un meilleur équilibre du marché après huit longues années de crise.

La forte réactivité des scieries aux signaux du marché témoigne aussi que beaucoup de scieries ne tournaient pas à pleine capacité. Le rattrapage a donc fait beaucoup de bien à toutes ces dernières.

La mise en service effective et annoncée de nouvelles lignes de production (modernisation, extension, scieries gros bois, etc.) laisse augurer une montée plus rapide que prévu initialement de la capacité nationale de sciage sur les deux années à venir.

Elle est suivie ou précédée selon les cas par d'importants investissements engagés et attendus en 2ème transformation (séchage, rabotage, collage, aboutage, etc.), secteur où les attentes du marché sont fortes. C'est dans ce domaine que se joue aujourd'hui l'accès à de nombreux marchés.

Du côté des importations, il y a aussi de bonnes nouvelles, ces dernières se repliant à nouveau de 10 % en 2017 et se situant au niveau le plus bas de ces dix dernières années.

À l'exportation, les opportunités se multiplient en particulier aux États-Unis où la conjoncture est ''euphorique''.

Le point principal de vigilance reste sans doute le débouché du bois énergie et celui du bois industrie où des solutions durables pour absorber le surcroît d'activité restent à trouver en dehors du granulé qui a maintenant trouvé sa place sur le marché, et continue à bien progresser »

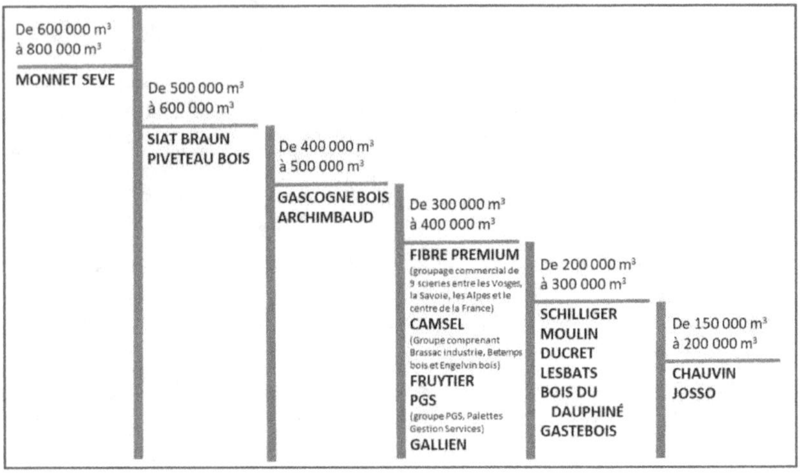

Classement des scieries françaises, industrielles du résineux en 2017 : source FNB

Cantérisation et débit en ligne assurent les gros volumes de sciages à partir des diamètres moyens

La plupart des sites industriels possèdent une ligne ruban à grumes afin de valoriser les gros bois

BILAN DE LA SCIERIE EUROPÉENNE DE RÉSINEUX PAR L'E.O.S. (Europe, Organisation des Scieries)

Source : http://www.eos-oes.eu/en/index.php

La reprise de la production de sciages résineux qui a débuté en 2013 s'est poursuivie à un rythme vif en 2016. Dans les pays membres de l'E.O.S, la production totale de sciages résineux a augmenté de 2,3 %, atteignant un volume de 82,3 Mm^3 en 2016. La reprise se poursuit au même rythme pour atteindre 84,4 Mm^3 en 2017 (+ 2,6 %), loin d'être le pic de production de 89,5 Mm^3, ce qui a été observé en 2007.

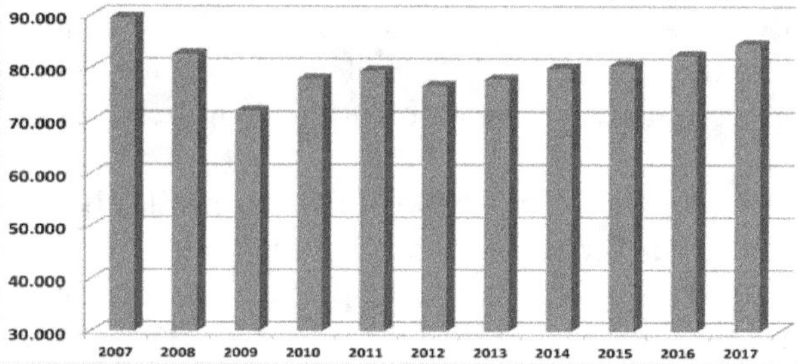

Volume de production des sciages résineux dans les pays membres de l'EOS 2007-2017 (000 m³)

L'évolution de la situation en 2016 n'était pas égale entre les pays membres de l'E.O.S. Alors que dans la plupart des pays, la production a augmenté (en particulier en Finlande et en Autriche), il a été observé une baisse en Roumanie et en Belgique et une légère baisse également en Suède et en Suisse. Avec une production de 21,1 Mm^3 et une part de 25,6 % (25,4 % en 2015), l'Allemagne est restée en 2016 le plus grand producteur de sciages résineux au sein de la communauté de l'EOS. La Suède est le deuxième pays producteur avec 17,9 Mm^3 (21,7 % contre 22,5 % en 2015). La Finlande reste le troisième plus grand producteur avec 11,4 Mm^3 (13,9 % contre 13,0 % en 2015) devant l'Autriche avec 9,1 Mm^3 (11,0 % contre 10,7 % en 2015). La France, quant à elle, reste le cinquième producteur au sein de l'E.O.S. avec une part de 7,8 %.

QUEL AVENIR POUR LES SCIERIES DE FEUILLUS ?

Ce chapitre lève le voile sur la scierie de feuillus. Celle qui est calée entre les scieries de résineux et les scieries mixtes. Dans la 1ère partie, il fait l'état des lieux chiffré d'un secteur économique méconnu. Dans la 2ème partie, et grâce aux témoignages croisés, un éclairage est donné sur les problématiques et le devenir d'un secteur hyper spécialisé qui après des années de crise, tente de refaire surface en voulant imposer des matières d'exception et l'expertise de ses praticiens.

La qualité du matériau et le savoir-faire des techniciens permettront-ils de rebondir vers des records de production en inventant de nouveaux produits portés par de nouvelles pratiques commerciales ou au contraire le milieu continuera-t-il un déclin irréversible ?

Personne ne le souhaite et surtout pas les détenteurs de la ressource, qui verront dans cette étude une manière de mieux comprendre les enjeux liés à la première transformation des feuillus.

Stock de plots de chêne dans une scierie du Jura

LA SCIERIE DE FEUILLUS EN CHIFFRES : 1ère partie

Volume de sciages feuillus en déclin !

Alors que le domaine du sciage résineux a progressé régulièrement en 30 ans, en passant de 5,7 Mm^3 en 1970 à plus de 8 Mm^3 en 2007, sans pour autant suivre l'envolée de l'Allemagne et de la Suèdc capables de faire le double, le secteur du sciage feuillu pur, lui, a régressé de décennie en décennie.

Après le record à 4,4 Mm^3 de 1973, c'est une glissade lente, mais sûre. 3,3 Mm^3 en 1983, 1,9 Mm^3 en 2007 et 1,3 Mm^3 en 2015. Seule consolation si l'on peut dire, un maintien à ce dernier niveau depuis cinq ans.

À la lecture de cet état des lieux on peut se demander si le volume de sciage se stabilisera, voire augmentera, ou alors poursuivra sa chute, débutée après les années 1990 ?

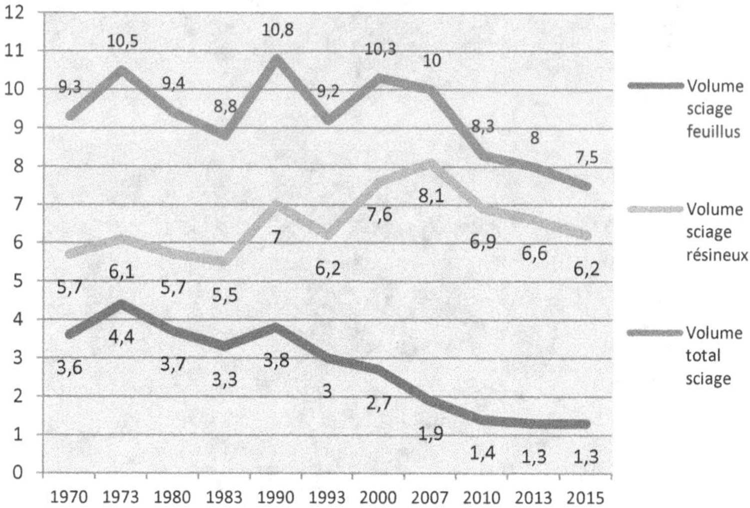

Évolution du volume de sciage feuillu en France de 1970 à 2015 en millions de m^3 : Source Agreste EAB.

Déclin du prélèvement du volume de grumes et des volumes de sciage

En observant de près le prélèvement global des grumes de feuillus en direction du sciage, on s'aperçoit que le volume a diminué de près de 50 %, en passant de plus de 10 Mm^3 en 1990 à 5 Mm^3 en 2015. La part de prélèvement du chêne n'a diminué que de 27 % en passant de 3 Mm^3 en 1990 à 2,2 Mm^3 en 2015. Quant au volume de sciage, le chêne a perdu en 25 ans près de 46 % de son volume. Celui du Hêtre 65 % et celui du peuplier 72 %.

Toutes essences confondues, le total des sciages feuillus est passé de 3,3 Mm^3 à 1,2 Mm^3, soit une perte de 62 %. Plus surprenant, le volume de sciage séché est passé de 238 000 m^3 en 2005 à 170 000 m^3 en 2015, soit une perte de 34 %. Le seul secteur qui a un volume positif est celui du merrain : il est passé de 33 000 m^3 en 1990 à 75 000 m^3 en 2015, soit une augmentation de 56 %.

Intérieur de la scierie de feuillus, Margaritelli, Chagny, Saône-et-Loire

Évolution entre 1990 et 2015 du prélèvement grumes et de la production de sciages feuillus et de bois sous rails et merrains en milliers de m³ :
Source Agreste et Observatoire métier scierie

VOLUME PRODUIT		1990	2005	2015	Evolution en 25 ans	%
TOTAL GRUMES		10 157	5 854	5 127	- 5 030	- 49.5
dont chêne		*3 120*	*2 753*	*2 227*	*- 893*	*- 27*
	PRODUITS					
	Chêne plots	338	258	129	- 209	- 62
	Chêne avivés	221	438	240	- 198 (entre	- 45
	Chêne autres	492	160	202	2005 et 2015)	- 59
	TOTAL CHÊNE	*1 051*	*843*	*571*	- 290 *- 480*	*- 46*
	Hêtre plots	446	146	107	- 337	- 76
	Hêtre avivés	115	149	109	- 6	- 5
	Hêtre autres	405	109	119	- 286	-71
SCIAGES feuillus tempérés	*TOTAL HÊTRE*	*966*	*403*	*335*	*- 631*	*- 65*
	Châtaignier	138	85	25	- 113	- 82
	Feuillus précieux (noyer, érable, merisier…)	96	61	21	- 75	- 78
	Peuplier 1er choix	95	66	84	- 11	- 11
	Peuplier emballage	829	305	175	- 654	- 79
	TOTAL PEUPLIER	923	372	259	- 664	- 72
	Autres feuillus	129	54	49	-80	-62
	TOTAL FEUILLUS	**3 303**	**1 818**	**1 260**	**- 2 043**	**- 62**
	+ Bois sous rails ***(traverses, bois d'appareils)***	221	146	144	-77	- 34
	+ Merrain	33	60	75	+ 42	+ 56
	Sciages feuillus séchés	Non connu	238	170	-68	- 28

La scierie française de feuillus dans le concert mondial

Dans l'Europe des 27 membres, en 2014, la France est en deuxième position pour la production de sciages feuillus, 1,3 Mm^3, derrière la Roumanie, 1,7 Mm^3. La production française a perdu son hégémonie européenne après 2007. L'Europe se distingue aussi avec la Russie qui est à 2,4 Mm^3 et la Turquie à 2,3 Mm^3.

Le champion toutes catégories de la production de sciages feuillus est la Chine avec 38 Mm^3. Ce pays est le plus grand producteur de sciages feuillus au monde. La production combinée des deuxième, troisième, quatrième et cinquième plus gros producteurs est équivalente à la production de la Chine. En dehors des États-Unis, les plus grands producteurs de bois feuillus sont tous en dehors de la région de la CEE : Vietnam, Brésil, Inde, Malaisie, Indonésie, Thaïlande.

On constate que dans le concert mondial du sciage feuillu, la France ne pèse guère face au géant chinois. On comprend mieux aussi son « appétit » glouton pour la matière première d'où qu'elle vienne !

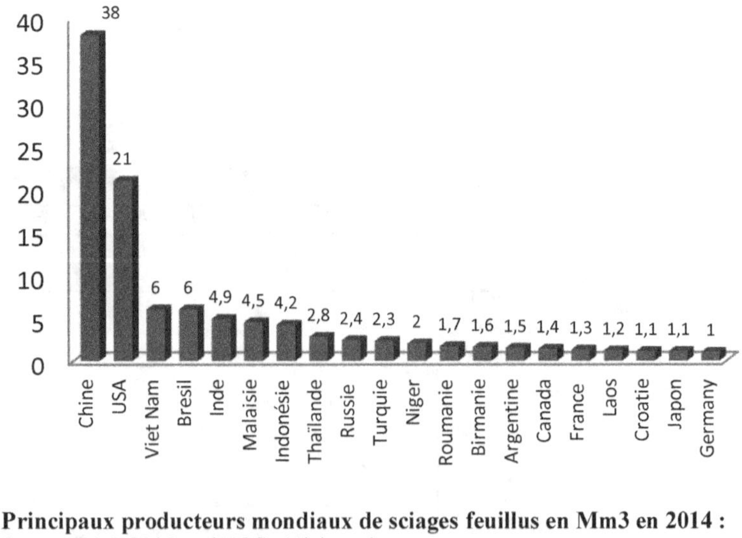

Principaux producteurs mondiaux de sciages feuillus en Mm3 en 2014 : Source FAO 2015 and EOS réélaboration

Moins de scieries de feuillus, mais davantage de productivité

À partir d'une simulation, car tous les chiffres ne sont pas connus à ce jour pour l'année 2015, on note que :

-la scierie de feuillus (purs) est passée de 371 unités en 2010 à quelque 302 unités en 2015, en même temps que le volume de sciage passait de 1,151 million de m^3 à 1,260 million de m^3.

Globalement on remarque que la moyenne de production par scierie de 3102 m^3 en 2010 est passée selon une simulation positive à 4172 m^3. On constate une croissance de la productivité de 25 %.

On notera également que près de 70 scieries de feuillus ont disparu en 4 ans. Dans le même temps ce sont environ 120 scieries qui ont disparu dans le secteur du résineux et des scieries mixtes, soit un total de 190 unités sur cinq années cumulées.

Ce qui fait près de 40 unités disparues par année. Les causes le plus souvent évoquées sont le départ à la retraite du dirigeant, l'absence de repreneur, le dépôt de bilan, le problème de bruit de l'installation ou de mise aux normes du matériel…

Il est à noter que malgré la crise la scierie française a perdu moins d'entreprises ces quatre dernières années qu'elle n'en avait perdu dans les décennies précédentes où les arrêts d'entreprises étaient du double chaque année, soit 80-90 cessations d'activité par an.

Premier débit du bois, poste clef de la scierie de feuillus

Répartition des entreprises de sciage feuillus (purs) et de leur volume d'activité entre 2010 et 2015 Source : Agreste EAB et Observatoire métier scierie (les chiffres de l'année 2015 sont une simulation car non connus à ce jour)											
	Type et classe de sciage en m^3	Entreprise 2010		Sciage 2010 en milliers de m^3		Entreprise 2015		Sciage 2015 en milliers de m^3		Variation	
		Nombre	%	Volume	%	Nombre	%	Volume	%	Nombre	%
SECTEUR SCIAGES FEUILLUS (PUR)	**Scierie artisanale** (moins de 2000 m^3, soit 4000 m^3 de grumes)	189	51			151	50			-38	-20
				174	15			176	14	+2	+1
		Volume moyen par scierie 920 m^3				**Volume moyen par scierie : 1165 m^3**				**+245 m^3**	**+21**
	Scierie semi-industrielle (2000 m^3 à 5999 m3, soit 4000 m3 à 12000 m^3 de grumes)	133	36			103	34			-30	-22
				459	40			479	38	+20	+4
		Volume moyen par scierie 3451 m^3				**Volume moyen par scierie : 4650 m^3**				**+1199 m^3**	**+25**
	Scierie Industrielle (6000 m^3 à 20 000 m3 et +, soit 12 000 à 40 000 m^3 et +)	49	13			48	16			-1	-2
				518	45			605	48	-87	+14
		Volume moyen par scierie : 10 571 m^3				**Volume moyen par scierie : 12 604 m^3**				**+ 2033**	**+ 16**
	TOTAL	**371/1744 (21%)**	100	**1 151/ 8 316** (14%)	100	**302/1500 (20%)**	100	**1 260/ 7514** (17%)	100	- 69 scieries	+109 000 m^3
		Moyenne par scierie en 2010 : 3 102 m^3				Moyenne par scierie en 2015 : 4172 m^3				+ 1070 m^3	+ 25 %
		Comparaison avec le résineux en 2010 6 611 Mm^3 : 637 unités = 10 378 m^3				Comparaison avec le résineux en 2015 6 223 Mm^3 : 560 unités = 11 125 m^3					

EVOLUTION de la consommation et des exportations de sciages bruts de Hêtre de 2010 à 2015 en m³ Source : France Bois Forêt-Fédération Nationale du Bois- Le Commerce du Bois							
	Consommation						Exportation
	Industrie du bois			Entreprises De construction	Autres marchés : agriculture, administrations Et particuliers	Total consommation	
	Produits techniques		Produits finis				
	Bois rabotés	Bois collés					
2010	11 000	18 000	125 000	23 000	7 000	185 000	157 000
2015	12 000	22 000	119 000	21 000	6 000	179 000	170 000
Evolution en m³ entre 2010 et 2015	+1 000	+4 000	-6 000	-2 000	-1 000	-6 000	+13 000
% en 2015	3%	6%	34%	6%	2%	51%	49%

EVOLUTION de la consommation et des exportations de sciages bruts de chêne de 2010 à 2015 en m³ Source : France Bois Forêt-Fédération Nationale du Bois- Le Commerce du Bois							
	Consommation						Exportation
	Industrie du bois			Entreprises de Construction (charpente, menuiserie, TP...)	Autres marchés : agriculture (traverses paysagères) administrations (traverses SNCF) et particuliers	Total consommation	
	Produits techniques		Produits finis (Menuiserie, parquet, meubles...)				
	Bois rabotés (produits rainurés, bardages...)	Bois collés (carrelet, panneaux, BMA...)					
2010	51 000	11 000	165 000	151 000	144 000	521 000	240 000
2015	56 000	12 000	124 000	128 000	169 000	490 000	330 000
Evolution en m³ entre 2010 et 2015	+5 000	+1 000	-41 000	-23 000	+25 000	-31 000	+90 000
% en 2015	7%	2%	15%	16%	21%	60%	40%

MARCHÉS DES SCIAGES FEUILLUS

Chêne et hêtre, les deux essences feuillues phares de France sont prises en exemples afin d'observer de plus près la ventilation des produits issus du sciage.

On peut noter que :

- la part de l'export est forte pour les deux essences : 40 % pour le chêne et 49 % pour le hêtre. Les cinq principaux pays où sont dirigés les sciages français ont été en 2010, la Belgique, 31 406 m^3, le Royaume-Uni, 23 321 m^3, l'Allemagne, 15 820 m^3, l'Espagne, 10 148 m^3, les Pays-Bas, 9 435 m^3 ;

-les sciages sont davantage des produits finis dans le hêtre, 34 %, utilisés dans l'industrie du bois et seulement 15 % dans le chêne ;

-le secteur de la construction (menuiserie intérieure et extérieure) utilise plus de chêne, 16 %, que du hêtre qu'il valorise seulement à hauteur de 6 % ;

-très peu d'utilisation de produits en hêtre, 2 %, dans l'agriculture, les administrations et par les particuliers à contrario du chêne utilisé pour 21 % : menuiserie, meuble, charpente.

Selon l'Observatoire de France Forêt Bois, « les sciages feuillus tempérés ont relativement moins souffert que les autres familles d'essences puisque la baisse de la consommation s'est limitée à –1 % entre 2010 et 2015. La consommation a même connu une évolution positive sur le marché des produits techniques et sur celui des autres branches, ce dernier étant principalement soutenu sur la période par la reprise de la demande de bois sous rail et le développement des traverses paysagères.

À un niveau déjà élevé en 2010, 28 %, les exportations ont connu une progression de 4,5 % en moyenne, la part de sciages feuillus exportés atteignant 35 % de la production en 2015. Les importations ont progressé de 2,4 % en moyenne. Leur part dans la consommation passe de 11 % en 2010 à 13 % en 2015 »

À noter que le peuplier, troisième essence la plus transformée, près de 250 000 m^3 de sciages, a 80 % de ses produits dirigés vers l'emballage. Des sciages pratiquement pas exportés (3 % en 2010 et 0 % en 2015).

ÉTAT DES LIEUX DE LA SCIERIE DE FEUILLUS par la Banque de France

Une étude réalisée par la Banque de France pour le compte de la Fédération nationale du bois (FNB) a révélé que les scieries de feuillus ont gagné 10 % de productivité en trois ans. Principaux enseignements tirés.

Les scieries de feuillus ont, dans une conjoncture paradoxale (des débouchés en forte hausse, mais un approvisionnement défaillant), obtenu ces 3 dernières années des gains de productivité remarquables : + 10 % en 3 ans.

Cette performance mérite d'être soulignée, car elle vient contredire un vieux cliché véhiculé par l'amont forestier depuis de nombreuses années selon lequel la scierie de feuillus serait une « belle endormie ». La Banque de France dispose de la neutralité nécessaire pour mettre en lumière ces évolutions récentes positives et appelle chacun, scieur comme propriétaire, à actualiser sa connaissance de la filière.

Cette performance a néanmoins un coût social : la perte moyenne de 40 à 45 scieries par an et la perte de plus de 20 % des effectifs salariés depuis 2008. Seules les scieries les plus solides financièrement résistent. Sur un plan territorial, cette dure sélection pose aussi des questions sur la raréfaction des outils de transformation dans certaines régions où transformateurs et propriétaires n'ont pas su ou pas réussi à « faire filière ensemble » ces dernières années.

Les zones géographiques concernées sont aussi souvent celles qui sont les plus exposées à l'export de grumes. Une donnée qui pose une question fondamentale : doit-on privilégier le court ou le moyen terme lorsque l'on est forestier ?

Il est souvent aussi reproché aux scieurs de trop se soucier de leur approvisionnement : mais comment faire pour déléguer quand le coût de la matière représente 66 % des coûts de production et les stocks de matière 100 jours de chiffre d'affaires ?

L'étude est riche d'enseignements et vecteur de réflexion pour l'avenir.(Etudecomplètevisiblehttp://www.fnbois.com/fr/actutalites/assemblee-generale-2016-fnb)

QUEL AVENIR POUR LES SCIERIES DE FEUILLUS ? 2ème partie

Douze scieurs ont répondu à l'enquête de l'Observatoire du métier de la scierie. Qu'ils soient artisans, semi-industriels ou industriels, leurs regards croisés apportent un éclairage sur les problématiques actuelles du secteur et sur les défis à venir.

La scierie artisanale entre proximité et circuit court

Ce sont trois scieurs travaillant seuls ou avec quelques salariés, domiciliés dans le Tarn, l'Isère et le Lot, qui produisent entre 400 et 1500 m^3 de sciages qui ont répondu à l'enquête. L'intérêt de leur regard : ils sont scieurs d'essences diverses : chêne, châtaignier, frêne, noyer, merisier... et scieurs de proximité idéalement placés pour transformer des bois locaux en produits utilisés localement : parquet, lame de terrasse, plot pour menuisier, ébéniste et charpente...

Selon les artisans questionnés, la perte de volume des sciages de feuillus serait due à un ensemble de contraintes :

-Impact direct de l'emploi du PVC dans le bâtiment ;

-Pouvoir d'achat faible des clients finaux ;

-Coût du travail élevé comparé à d'autres pays ;

-Orientation d'essences vers la filière énergie plutôt que vers celle du sciage ;

-L'exportation qui prive de ressources les « scieries de pays ».

Pour les artisans, il y a des opportunités à saisir. Des professionnels et des auto-constructeurs possèdent encore une « culture bois ». C'est-à-dire une connaissance de la qualité et de la valorisation des singularités.

Afin de mieux vendre et surtout de pérenniser les affaires, il convient de développer les marchés de proximité et la vente directe. Reprendre des parts de marché au PVC reviendra à mieux communiquer en direction des clients, mais aussi des écoles de design et d'architecture. L'agencement de luxe est une niche où les feuillus ont toute leur place et la vertu du local est plus que jamais d'actualité. Une certification à la portée des artisans qui sont l'interface directe entre forêt et utilisateur. Pour les répondants, il conviendra de s'organiser en interne, mais aussi en externe en se groupant entre scieurs artisanaux afin de mutualiser les moyens de production ou commerciaux. L'idée est aussi de fournir plus de produits élaborés : séchage, usinage...

Afin de relever ces défis, encore faudra-t-il avoir les moyens financiers pour renouveler le matériel et trouver une main-d'œuvre qualifiée.

La scierie semi-industrielle soucieuse de sa production

Ils sont six scieurs semi-industriels de l'Ain, de Saône et Loire, du Jura, de l'Allier, de Corrèze, du Rhône à avoir répondu. Ils produisent entre 2000 m^3 et 5000 m^3 de sciages, essentiellement en chêne. Les produits sont du plot, de l'avivé, de la charpente et de la traverse SNCF.

Un seul est scieur de peuplier pour sa « consommation personnelle » en vue de la fabrication de palettes.

Selon les répondants, la disparition des scieries de feuillus explique la baisse de volume de sciage au fil des décennies. Celle-ci est aussi due au fait que beaucoup de scieries de type agricole n'ont pas réalisé leur « révolution » industrielle. Elles ont continué à produire afin d'alimenter un stock et non à fournir des marchés et leurs besoins spécifiques, par exemple des produits plus élaborés, tels que parquets, carrelets.

Le courtage n'a pas arrangé les choses, dans le sens où les producteurs se sont désintéressés de la partie commerciale, trop accaparés au quotidien par la production.

Le manque de matière est le problème majeur. Les causes : « l'appétit » des marchés grand export et la surexploitation. Il n'est pas envisagé de reprise de volume dans l'avenir, car on ne peut pas exploiter plus vite que la forêt ne produit. Au final, les scieurs semi-industriels cherchent à sécuriser leurs approvisionnements tant en volume qu'en qualité. L'achat en bloc et sur pied aux enchères n'est plus possible. De ce fait, les contrats d'approvisionnement ne sont pas vus d'un mauvais œil.

Pour les scieurs semi-industriels de feuillus, ce serait à contre-courant de « transformer du pied à la tête » une grume en conservant un panel de produits de nature à trouver les débouchés les plus adéquats. À présent, les scieries se spécialisent afin de scier plus vite et de composer rapidement des assortiments de produits. Utiliser moins de main-d'œuvre, de toute façon de plus en plus difficile à recruter. Faire tourner plus vite les stocks. Seuls certains scieurs de chêne les plus représentatifs ont bâti au fil du temps de gros stocks de bois. Il convient de préciser qu'il est plus facile de travailler industriellement dans le résineux que dans le feuillu. Le cadencement dans le résineux fait baisser les coûts, sans parler des faibles marges qui obligent à « être plus productif». La matière est aussi moins chère, car plus régulée. Dans le chêne, c'est la valorisation de chaque qualité qui est importante et essentielle étant donné le prix d'achat et les rotations de production.

Pour tous, la transmission d'entreprise est compliquée. Il y a un manque certain de repreneurs. Cela s'explique aussi par le fait que les scieries de feuillus se sont trop reposées sur leurs acquis, à tel point qu'un bon nombre d'entre elles ne sont pas ''reprenables'', car le montant des investissements liés à la mise aux normes et à l'automatisation seraient trop important.

Former des jeunes et renouveler les équipes est un vrai problème. Il est difficile d'envisager du travail collaboratif dans un secteur où les acteurs sont très indépendants. À l'opposé, les confrères du résineux sont plus solidaires et mieux organisés commercialement. Pour les producteurs de traverses SNCF qui font ce produit en activité principale, c'est un saut dans l'inconnu avec la fin annoncée en 2017 du créosotage ! Pour le producteur de palettes qui scie sa matière première, il y a une préoccupation certaine quant à l'avenir des quantités et des qualités de bois qui semblent ne plus être au rendez-vous !

La scierie industrielle en recherche de cohésion et de sérénité

Ils sont trois scieurs industriels installés dans l'Ain, le Jura et la Saône et Loire à avoir répondu à l'enquête. Leurs volumes de production vont de 14 000 m^3 à 30 000 m^3 de sciages. Ce sont des scieurs de chêne producteurs essentiellement de plots, d'avivés, de frises, de charpente et de produits finis : parquet massif, parquet contrecollé, platelage, bardage… Ils commercent sur les grands marchés de l'export et tentent de maintenir la réputation d'une matière première et d'un savoir-faire liés à la 1ère transformation.

Les scieurs industriels sont ceux qui approfondissent le plus les raisons de la perte de volume des sciages feuillus. Ils l'expliquent par :

-la disparition de certains marchés et de pans entiers de la seconde transformation du bois : cuisine, mobilier, menuiserie…

-la délocalisation en Europe de l'Est puis en Asie de certaines activités de seconde transformation ;

-l'évolution des goûts du consommateur ;

-la disparition des fabricants de meubles ;

-la concurrence des pays à bas coûts.

Il n'en demeure pas moins que le manque de grumes reste un problème important pour les scieurs industriels.

Ces dernières années l'export du bois brut y est sans doute aussi pour quelque chose. Les producteurs de sciages trouvent aussi que l'exploitation des feuillus a été trop rapide aussi bien du côté de l'ONF que des coopératives. Certains trouvent que la récolte aujourd'hui baisse en qualité et en volume. Les diamètres de 1 m et davantage n'existent guère plus. La cause : les diamètres 0,40 m et 0,50 m sont vendus et coupés au lieu de poursuivre leur croissance et d'être récoltés vers 2050 !

Les scieurs s'interrogent sur les stratégies sylvicoles et sur la disponibilité de la ressource feuillue réelle et celle à venir !

Sur ces problématiques, les détenteurs de la ressource et experts forestiers se défendent en accusant les scieurs de n'être pas compétitifs, sauf qu'ils oublient de prendre en compte les bouleversements auxquels la profession a été confrontée : crise économique, concurrence très vive des pays à bas coût de main-d'œuvre, disparition de certains marchés…

La pratique naissante des contrats d'approvisionnement dans le feuillu pourrait réguler en qualité et en volume l'approvisionnement des scieries industrielles.

Les scieurs font cependant leur mea-culpa en constatant qu'ils ont peut-être tardé à se remettre en cause au niveau industriel et commercial, considérant avec trop de facilité que la matière première ne pouvait pas être la seule variable d'ajustement. Le scieur « marchand de bois » est-il en train de disparaître au profit du scieur transformateur ?

Tous conviennent qu'il ne faut pas relâcher les efforts. Le salut viendra de la capacité à résister à des pays à bas coûts par l'amélioration à tout prix de la compétitivité. La forte demande actuelle combinée aux taux d'intérêt bas ne peuvent que favoriser le retour à l'investissement dans les unités de production.

Cela dépendra aussi :

-de la volonté des pouvoirs publics de « protéger » la transformation en France des concurrences étrangères très agressives venant surtout des pays émergents ;

- de la capacité à se projeter à l'international tout en vendant le « Made in France » ;

-de la capacité à innover, à créer de nouveaux produits et usages.

Au final, la modernisation des outils de production est en cours. Elle doit s'axer sur quatre critères : Productivité, Rendement matière, Valorisation, Taux de pannes.
Sans omettre que la formation reste aussi un des soucis permanents des chefs d'entreprise. Mais comment séduire des jeunes et leur prouver que le métier s'est réformé avec l'arrivée de la mécanisation et du numérique ?

La scierie industrielle s'est beaucoup modernisée et diversifiée (séchage, rabotage, 2ème transformation) et selon les producteurs, elle n'a pas à être complexée. Il conviendra de poursuivre la mutation et de produire ce que le client souhaite. La rentabilité sera présente si des réponses sont apportées en matière de valorisation des sciages comme, par exemple, l'aboutage et le collage.

En conclusion, rentabilité, marges et valorisation des sciages resteront le « nerf de la guerre » et la condition principale de la survie des scieries, et ce peu importe leur taille.

Les préoccupations essentielles des scieurs de feuillus

À la lecture des témoignages des scieurs de feuillus, huit préoccupations émergent. Dans l'ordre des citations, on retrouve ;

1-**L'approvisionnement**, qui semble préoccuper tous les acteurs. Pour les uns, artisans, c'est de constater le « dévoyage » des essences diverses en direction de la filière bois énergie, alors que pour les autres, c'est un manque prégnant de matière : surexploitation, fuite à l'export, mobilisation moindre, manque réel de matière…

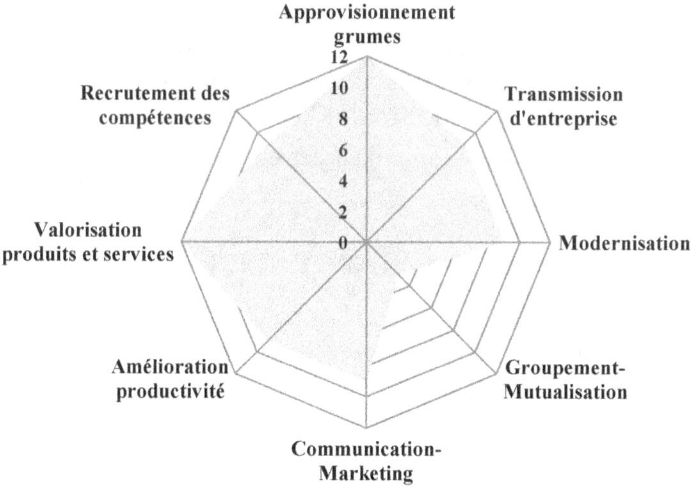

Préoccupations essentielles des scieurs de feuillus : source Observatoire métier scierie

2-**Le recrutement de compétences** de plus en plus difficile à pratiquer, faute de candidats formés et motivés pour entrer dans le métier !

3-**La modernisation,** une priorité pour les scieurs industriels et les semi-industriels

4-**L'amélioration de la productivité** est surtout évoquée par les industriels et semi-industriels. Une évidence pour rester dans la course à la compétitivité.

5-La **valorisation des produits et des services**, tous y sont sensibles. Si les industriels et semi-industriels cherchent à « faire plus » sur leurs produits, les artisans eux cherchent à valoriser le conseil et la vente directe.

6-La **communication-marketing**. Une priorité pour les artisans et les industriels. Les uns envers la clientèle locale, les autres en direction de la clientèle internationale.

7-La **transmission d'entreprise** préoccupe davantage les artisans et les semi-industriels qui possèdent des structures familiales difficiles à transmettre à cause d'un matériel souvent obsolète et d'installations qui ne sont plus aux normes.

8-Le **groupement et la mutualisation** autour des services ou de la production ne touchent que les artisans qui ressentent de plus le besoin de créer des collaborations.

OPTIMISME DE LA FNB AU SUJET DES SCIERIES DE FEUILLUS

Nicolas Douzain, directeur de la FNB, fait le point sur la situation des scieries de feuillus.

« Des indicateurs montrent une reprise depuis 2010 sur tous les segments de marché, toutes les zones de chalandise et toutes les catégories de produits. Des gains de productivité importants sont enregistrés et ont même été validés par la Banque de France à notre Assemblée générale de décembre 2017.

Nous avons la meilleure valorisation au monde en terme de valeur unitaire en euros par m^3 scié pour le chêne. Nous sommes sur une pente ascendante. Même si cela ne se voit pas concrètement dans le volume de production, les frémissements sont là. Les marchés tirent l'activité.

Plus de 40 % de l'activité se font à l'export. Preuve s'il en est que la qualité de nos produits est reconnue et appréciée. C'est une belle récompense.

Cependant, bon nombre de scieurs peinent cependant à s'approvisionner en grumes. Cela freine leur développement. La FNB a conscience de cette difficulté et c'est pour cette raison qu'elle a contribué par le label « transformer en UE » au recentrage de la transformation des grumes sur le territoire.

Notre vision c'est qu'il nous faut nous projeter sur le moyen terme et raisonner en termes de valeur ajoutée de filière. C'est à cette seule condition que nous sauvegarderons l'emploi, l'activité et notre savoir-faire. Propriétaires et scieurs ont donc destins liés.

Nous croyons sans fausse modestie retrouver la place de leader européen du sciage des feuillus. Nous avons confiance en ce secteur et dans les hommes qui l'animent. La crise malheureusement a fait disparaitre beaucoup de scieries, mais celles qui demeurent vont résolument de l'avant.

LES PIÈCES ÉQUARRIES, UN DÉBOUCHÉ VARIÉ POUR LES SCIERIES DE FEUILLUS

La Fédération nationale du bois, FNB, qui s'appuie sur les données des enquêtes de branche d'Agreste, classe sous la rubrique « pièces équarries » les traverses SNCF et les bois d'appareil, dits aussi « Bois sous rails », les traverses paysagères, la charpente et les équarris quatre faces dits aussi ''blocks'', destinés aux marchés asiatiques.

Cet ensemble représente près de 140 000 m^3, soit 25 % des produits chêne sortant des scieries spécialisées dans cette essence.

Un volume qui se maintient à ce niveau depuis 2005, mais qui a presque chuté de moitié si on le compare aux 221 000 m^3 de 1990 (source Agreste). Cause principale de cette chute, la baisse de 70 % du volume des traverses ferroviaires.

Volume m³/an de sciages en chêne par typologie :
source Agreste et FNB

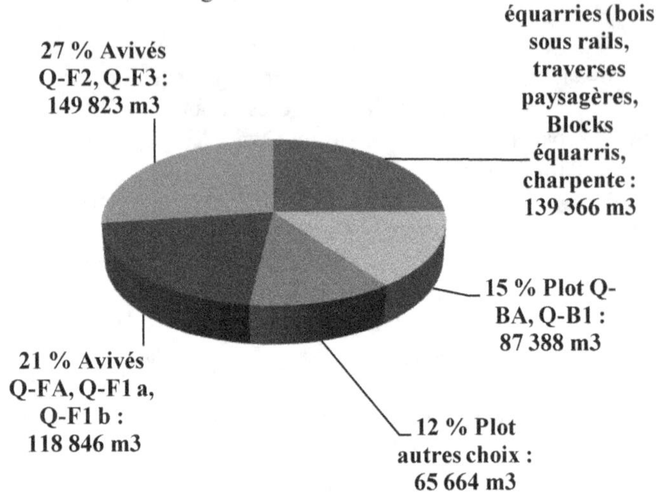

Pour la FNB, plus de 120 scieries de feuillus produisent des bois sous rails, en particulier des traverses SNCF et des traverses paysagères. Ce marché spécifique est estimé à quelque 350 000 unités pour les traverses SNCF, soit environ 32 000 m³ de sciage dans les sections 0,260 m x 0.150 m, 0,240 m x 0,140 m et 0,220 m x 0,130 m en 2,60 m de long, aux prix de marché allant de 300 à 400 € (selon sections et qualités).

De l'avis de Jérôme Pascaloux en charge des achats de bois à la SNCF, « les besoins ne sont pas à la baisse, mais plutôt en augmentation avec un besoin estimé à 380 000 unités par an » Certes le béton a volé la vedette à la traverse bois, notamment sur les lignes TGV, traverse qui frisait encore le million d'unités dans les années 1990 et encore 500 000 en 1995.

Jérôme Pascaloux tient à préciser que « la traverse bois reste incontournable dans la restauration des lignes existantes, mais aussi sur les lignes à virages serrés où des contraintes importantes pourraient sur le béton entraîner des fissures. Ainsi que dans les aiguillages où le bois a toujours sa place en terme d'amortissement des bruits et des vibrations ». Avec la fin du créosotage [4] annoncée pour 2021, une baisse de commandes de traverses devrait s'afficher et pousser les producteurs vers d'autres marchés, par exemple celui de la traverse paysagère, marché estimé aujourd'hui par la FNB aussi important en volume que celui de la traverse SNCF.

Marché qui a profité aussi depuis les années 2010 de l'abandon du réemploi des traverses SNCF dans les aménagements paysagers du fait de la présence de créosote, classée en catégorie "cancérigène mutagène reprotoxique de type 2".

Des traverses paysagères aux sections de 0,200 m x 0,120 m ou 0,200 m x 0,100 m en 1,80 m, 2,00 m, 2,40 m ou 2,60 m aux prix de marché allant de 260 à 280 €/m^3 pour les plus courantes et 350 à 400 € pour les hors aubier..

Aux volumes de traverses, il convient d'ajouter les bois d'appareil qui sont des traverses de grandes longueurs utilisées dans le soutien des aiguillages.

Ces produits représentent quelque 40 000 unités au prix de marché allant de 350 à 550 €. L'export vers des pays limitrophes, Allemagne, Belgique, représente à lui seul quelque 80 000 unités supplémentaires de traverses destinées au chemin de fer.

À ces volumes de bois dits équarris, doivent être associés ceux de la charpente, marché surtout en direction de l'Angleterre où quelque 80 000 m^3 sont mobilisés, et aussi les bois équarris, sciés quatre faces (blocks) pour le marché asiatique : selon les douanes françaises, le volume est passé de 25 333 m^3 en 2016 à 45 000 m^3 en 2017.

---

4 Imprégnation du bois sous pression à l'aide de créosote, une huile minérale extraite du goudron de houille. Un traitement qui protège le bois des attaques de champignons, d'insectes et de bactéries assurant une longévité de 30 ans et plus.

Le marché de la traverse SNCF, ce sont 350 000 unités par an qui, selon la FNB, sont débitées par 120 scieries de feuillus

Le marché de la charpente comptabiliserait à lui seul près de 80 000 m^3. En marge d'une utilisation locale, l'essentiel du volume est expédié en Angleterre. Sur la photo des poutres de 0,230 m x 0,230 m en 9 m de long.

ARGUMENTS POUR L'EMPLOI DES TRAVERSES BÉTON : principal concurrent de la traverse bois

L'emploi de la traverse béton est argumenté par la SNCF en terme de :

- -poids plus élevé, indispensable pour les voies grandes vitesses ;
- -plus grande régularité dimensionnelle ;
- -pose automatisée sur les nouvelles lignes ;
- -nombre de fournisseurs plus faible et réception des commandes simplifiée ;
- -durée de vie estimée supérieure au bois : 60 ans.

En revanche, la traverse bois présente un bilan carbone bien meilleur que celui de la traverse béton, avec la possibilité de produire de l'énergie lors de sa destruction en fin de vie.

La traverse béton a volé la vedette à la traverse bois, sur les lignes à grande vitesse, mais aussi sur les lignes secondaires comme dans la vallée d'Azergues depuis 2017. 2 millions d'unités seraient utilisées chaque année

L'ANSES[5] RESTREINT L'USAGE DES PRODUITS À BASE DE CREOSOTE

En avril 2018, l'ANSES a décidé de restreindre l'usage de la créosote en France au traitement des traverses de chemin de fer.

L'autorisation de mise sur le marché est assortie de conditions d'usage strictes visant à éviter l'exposition des travailleurs et à limiter les risques pour l'environnement. Elle s'accompagne d'un plan de substitution qui sera mis en œuvre par les opérateurs du réseau ferroviaire afin d'éliminer progressivement la créosote. Les autres usages de la créosote tel que le traitement du bois destiné aux poteaux de lignes téléphoniques, électriques et clôtures ne sont plus autorisés en raison des risques pour l'environnement. (source : https://www.anses.fr/fr)

LES BLOCKS POUR L'ASIE

Transformateur de 30 000 m^3 de grumes feuillues en Normandie, François Feillet exporte en Asie quelque 450 m^3 par mois de pièces équarries. Décryptage d'un marché méconnu pour lequel circulent beaucoup de contre-vérités.

Confirmez-vous le chiffre 2017 de 40 000 m^3 de blocks exportés ? Et quelles sont les caractéristiques de ce marché ?

Très certainement au regard de ce qui se produit dans de nombreuses scieries. Pour notre part, à la scierie Feillet, ce sont 250 m^3 de blocks par mois qui sont exportés vers l'Asie. Ce marché alimente des usines qui transforment les pièces équarries en lamelles destinées au parquet. Contrairement à ce qu'on pense, les produits finis sont avant tout destinés au marché intérieur chinois.

Quelles sont les caractéristiques des blocks ?

Il existe trois largeurs, 230 mm, 280 mm et 320 mm. Les épaisseurs vont de 70 mm à 180 mm pour les standards. Les largeurs

[5] Agence nationale de sécurité sanitaire de l'alimentation, de l'environnement et du travail.

de 230 mm et 280 mm sont en 2 m de long et celles de 320 mm en 2,90 m et 3,20 m. Il existe deux choix : le AB et le CD qui correspondent au plus gros du marché. L'aubier est toléré, mais les pièces doivent être à vive arête. Ces blocks sont tirés dans des diamètres entre 320 mm et 450 mm.

Comment sont conditionnés les blocks ?

16 à 25 pièces constituent un colis. Les colis sont chargés à raison de 22 m^3 par container.

Qu'en est-il au niveau des prix ?

À titre indicatif, les blocks se négocient entre 450 € et 550 € le m^3 selon les choix, les largeurs et les longueurs, mais aussi selon les cahiers des charges et les distances aux ports. Ce n'est pas un marché stable. Il fluctue selon les saisons.

Que répondez-vous à ceux qui accusent les scieurs d'exporter ces pièces équarries ?

Tout simplement que nous faisons notre métier en apportant de la valeur ajoutée à des bois courbes bien adaptés, à une demande précise. C'est un marché complémentaire pour la scierie.

Colis de Blocks, 16 pièces prêtes à être chargées dans un container. Des Blocks en sortie de scie tirés dans des diamètres entre 320 et 450 mm

L'OCBF, UN GROUPEMENT COMMERCIAL AUTOUR DE LA TRAVERSE

La scierie Puybareau fait partie de l'organisation commerciale des bois français, OCBF, créée dans les années 80 et qui comprend aujourd'hui une trentaine d'actionnaires, dont 25 scieurs répartis dans une douzaine de départements du Centre de la France. La spécificité de ce groupement est, depuis sa création, la commercialisation des traverses SNCF. Francis Puybareau, dirigeant de la scierie éponyme, s'occupe plus particulièrement pour le compte de l'OCBF des rapports commerciaux avec la SNCF.

Pourquoi à l'origine, la création de l'OCBF ?

La création du groupement OCBF a été faite dans le but de prendre des marchés à l'exportation, principalement celui de la traverse sous rail, dans les pays du Maghreb, ensuite en Italie, Allemagne, Suisse, Pays-Bas, Espagne et Angleterre.

Aujourd'hui quel volume de traverses SNCF, en unités, l'OCBF mobilise-t-elle par an et quelle est la part du C.A ?

En 2017 l'OCBF a mobilisé près de 85 000 traverses sous rail et environ 15 000 pièces d'appareils de voie (BA), soit 70 % du C.A.

Comment se porte ce marché ?

Le marché de la traverse est porteur, bien que fluctuant aussi bien vers le bas que vers le haut en fonction des besoins immédiats de la SNCF, avec des volumes toujours conséquents et pas seulement sur le marché français.

Comment l'OCBF voit-elle l'évolution du marché de la traverse à l'horizon 2021 avec la fin annoncée du créosotage ?

L'OCBF reste optimiste, dans le sens où il sera très difficile de remplacer le bois par le « tout béton » comme l'a expliqué précédemment M.Pascaloux. Il reste à espérer que l'emploi de la créosote sera reconduit ou qu'un produit de substitution sera trouvé.

La traverse paysagère semble prendre de plus en plus d'importance. Quel volume est produit par l'OCBF en unités et quel est le CA annuel ?

L'OCBF commercialise environ 15 000 traverses paysagères, ce qui représente 15 % du C.A. À noter que cette production augmente tous les ans.

Quelles sont les exigences de ce marché ?

Le plus gros problème rencontré dans le marché de la traverse paysagère est qu'il reste « saisonnier » et directement lié aux conditions climatiques. Ce qui implique que les scieries doivent avoir du stock afin de répondre à la demande dans des délais souvent très courts : 1 à 2 semaines.

Comment voyez-vous l'avenir sur les produits « bois équarris » : traverses et charpente ?

L'OCBF reste optimiste, le plus gros souci aujourd'hui pour les scieries de l'OCBF étant l'approvisionnement en grumes. Il est, en effet, plus intéressant financièrement pour les exploitants de commercer directement les bois qui nous intéressent vers les marchés asiatiques. Un différentiel de plusieurs dizaines d'euros sur lequel nous ne pouvons pas nous aligner.

Chargement d'un lot de traverses SNCF chez l'un des scieurs de l'organisation commerciale des bois français

LA TRAVERSE PAYSAGÈRE DANS LE NÉGOCE

Philippe Sellier, Directeur du négoce Barillet Rolandez situé à Vaulx-en-Velin (Rhône), agence dépendant du groupe Barillet est interrogé au sujet du marché des traverses paysagères.

Qui sont les principaux utilisateurs des traverses paysagères ?

Beaucoup de paysagistes ou d'entreprises générales qui réalisent des travaux d'aménagement dans le domaine privé comme dans celui du public.

Quelle est l'évolution de ce produit depuis 15 ans ?

L'évolution de la traverse paysagère accompagne l'essor des bois d'aménagement extérieur et notamment du pin traité autoclave. La traverse paysagère en chêne complète l'offre des bois autoclavés dans la famille des bois d'aménagement extérieur.

Ces produits s'inscrivent depuis quelques années dans la tendance décorative extérieure au même titre que d'autres familles bois (terrasses, bardage, etc.). Le cocooning s'exporte à nos extérieurs !

Quelles sont précisément les utilisations des traverses paysagères ?

Les traverses paysagères sont fréquemment employées pour les retenues de terre et les bordures. Elles servent aussi à créer des dénivelés et des séparations, à protéger des berges, …

De plus en plus de constructions collectives intègrent des espaces verts communs, consommateurs de ce type de produits. Certains les veulent naturelles, mais la coloration est de plus en plus importante.

Quel avenir pour ce produit ?

Le bois et ses dérivés ont plutôt « le vent en poupe » en ce moment. Suivant les applications, les exigences évoluent. Par exemple, les panneaux trois plis, vieux bois en agencement intérieur sont très demandés dans notre région. Les nœuds, les gerces et le grisaillement naturel sont redevenus à la mode.

En bardage, les demandes sont plutôt orientées sur des bois naturels saturés sans entretien. La majorité de nos clients laissent leurs terrasses « s'argenter ».

À mon avis, la traverse pourrait se réinventer. Les scieries pourraient aller plus loin dans leurs offres et proposer des produits finis ou semi-finis. Il faudrait tenir compte du pourrissement et proposer des solutions de mises en œuvre qui assurent la pérennité des ouvrages.

Aménagements paysagers en chêne, une valorisation différente ici sur les terrasses du Mucem à Marseille

UN SCIEUR DE CHÊNE TÉMOIGNE SUR LE MARCHÉ DES BOIS ÉQUARRIS

Producteur de près de 2000 m³ par an de sciages en chêne, Hervé Pépin, scieur dans l'Ain, témoigne sur le marché des bois équarris.

Que représente la part des bois équarris (traverses SNCF et paysagères et charpente) dans votre activité ?

Notre volume de sciage se répartit en 48 % de plots dépareillés, 18 % d'avivés, 16 % en plots de menuiserie, 14 % de traverses paysagères et 4 % en charpente. Traverses paysagères et charpente représentent 11,5 % de notre CA.

Comment évolue ce segment de marché ?

Progression constante des traverses paysagères. Cela permet de valoriser les pointes de grume. Les ventes se font en direct auprès des paysagistes ou par le biais des négoces. La charpente évolue aussi vers les marchés export, Angleterre surtout.

Beaucoup de petites sections 150 mm x 150 mm ou 200 mm x 200 mm. Il y a aussi un marché de proximité en sciage sur-liste pour les artisans locaux qui œuvrent en rénovation.

On note une montée en puissance de la traverse paysagère. Est-ce exact ?

Depuis les années 2010, et suite à l'interdiction d'utiliser en aménagement paysager des traverses créosotées, les paysagistes se sont mis à employer des traverses paysagères avec des sections spéciales : 100 mm x 200 mm, 120 mm x 200 mm en 2 m de long, 2 m 20, 2 m 60 et 3 m.

Il y a peu de contraintes concernant la présence d'aubier. Nous produisons des traverses avec trois à quatre arêtes vives dans une fourchette de prix allant de 300 à 350 € au m³.

Sciage et manutention des traverses paysagères

Hervé Pépin devant le stock de traverses paysagères

LE MERRAIN, LE FLEURON DISCRET DE LA FILIÈRE BOIS

Mariage de raison entre mérandiers et tonneliers

Méranderie et tonnellerie sont deux professions étroitement imbriquées. Aujourd'hui, en effet, elles ne font qu'une, à tel point qu'elles se sont associées en créant leur syndicat en 2016.

Au bout du compte, le secteur d'activité associé au vieillissement et à « l'élevage » des vins de prestige sont le fleuron discret de la filière bois.

Technicité et savoir-faire, hérités de plusieurs générations, ainsi que la qualité du chêne français, sont en effet des gages de réussite indiscutable en France, mais aussi et surtout sur les grands marchés de l'export.

Les ouvrages de tonnellerie font partie d'une des rares branches de la filière qui peut s'enorgueillir d'afficher un excédent commercial de 19,2 % en 2017 (source Agreste Conjoncture, avril 2018-n°2018-049).

Million d'euros

	Exportations			Importations			Solde commercial		
	2016	2017	Evol. %	2016	2017	Evol. %	2016	2017	Evol. %
Ensemble des produits	**1 638**	**1 685**	**+ 2,8**	**2 486**	**2 701**	**+ 8,7**	**-848**	**-1 016**	**- 19,9**
Placages, panneaux et contreplaqués	**893**	**868**	**- 2,8**	**1 021**	**1 107**	**+ 8,5**	**-128**	**-239**	**- 87,3**
Feuilles de placage	68	71	+ 4,1	111	112	+ 1,1	-42	-41	+ 3,6
Panneaux de particules	371	336	- 9,6	254	271	+ 6,7	117	65	- 44,9
Panneaux de fibres	300	303	+ 1,1	352	378	+ 7,4	-53	-76	- 43,8
Contreplaqués	154	158	+ 3	304	346	+ 13,8	-150	-188	- 25
Autres produits du travail mécanique du bois	**745**	**817**	**+ 9,6**	**1 465**	**1 594**	**+ 8,8**	**-720**	**-777**	**- 8**
Ouvrages de tonnellerie	367	431	+ 17,5	36	36	+ 1,1	331	395	+ 19,2
Ouvrages de menuiserie	99	98	- 0,3	456	482	+ 5,7	-357	-383	- 7,3
Ouvrages pour emballage et transport	100	102	+ 2,1	207	231	+ 11,6	-107	-129	- 20,4
Bois profilés	49	51	+ 3,9	211	220	+ 4,6	-161	-169	- 4,9
Autres ouvrages en bois	131	134	+ 2,7	556	625	+ 12,4	-425	-491	- 15,3

Source : Douanes/SSP

Tension sur les achats de matière première

Il est nécessaire d'approvisionner 4 à 5 m^3 de grumes en moyenne pour obtenir en sortie de méranderie 1 m^3 de merrain, capable ensuite d'assurer la fabrication de 10 à 13 barriques standards. Avec une perte de 10 % en volume non réceptionné, pendant la période de maturation (séchage sur parc), la production annuelle serait de 615 385 fûts neufs en 2017[6].

Considérant que, selon les données Agreste 2016, 77 000 m^3 de merrains[7] ont été produits et en sachant qu'il convient de transformer 5 m^3 de chêne pour obtenir 1 m^3 de merrains, il serait nécessaire de mobiliser quelque 385 000 m^3 de grumes[8]. Soit 16 % de la récolte estimée à 2 350 000 m^3. Le volume de produits pour la tonnellerie représenterait quant à lui 12,6 % des 608 000 m^3 des produits en chêne : plots, avivés, parquets, équarris, traverses…

Dans le volume merrain, il convient d'ajouter le volume non connu des produits destinés aux grands contenants.

À la lecture du volume bois brut, on perçoit davantage les tensions qui existent à l'amont entre les scieurs et les mérandiers, sans oublier de citer aussi les autres acheteurs : exploitants forestiers purs, coopératives, traders...

La montée en puissance du secteur trouve son origine chez les tonneliers qui, pour sécuriser l'approvisionnement de leurs ateliers, ont peu à peu, et depuis une quinzaine d'années créé leur propre méranderie ou ont absorbé des méranderies indépendantes. Résultat, à présent, l'intégration fonctionne à plein régime et un véritable système industriel cohabite à côté d'une production plus artisanale. Les tâcherons-fendeurs œuvrant dans de petits ateliers indépendants ou jouxtant les scieries s'effacent peu à peu devant la mise aux normes qui imposent de gros investissements.

Les tensions sont exacerbées, aussi, par le fait que les mérandiers achètent les qualités situées entre « le chêne à plot » et le « chêne à placage ». Autrement dit la crème du chêne

---

[6] Source : Fédération des tonneliers de France.
[7] 55 000 m^3 en 2010 et 93 000 en 2013.
[8] Chiffre approximatif.

rouvre et du chêne pédonculé acquise entre 400 € à près de 1200 € le m³.

« Des prix élevés et incohérents » selon Christian Sabot, le responsable de production de SNBA, la méranderie de la tonnellerie Boutes installée à Buxières-les-Mines, Allier. L'entreprise qui transforme environ 6000 m^3 de grumes ne s'approvisionne plus exclusivement en forêt de Tronçais en raison de la cherté de la matière. « Depuis quelques années, précise Christian Sabot, SNBA s'approvisionne en chêne à merrain du Grand Est de la France à la Normandie, en passant par le Centre de la France. Tous les mérandiers sont à l'affût de la même matière, c'est-à-dire celle qui a le grain fin (trois cernes par cm). Et comme il est nécessaire de transformer 5 m^3 de grumes pour obtenir 1 m^3 de merrain, précisément entre 4,2 m^3 et 4,8 m^3, la concurrence est rude. D'où la nécessité d'élargir le rayon d'approvisionnement ».

La crème du chêne de Tronçais pour l'obtention du merrain

PROCESS DE TRANSFORMATION EN MÉRANDERIE

Christian Sabot, SNBA, reprend en images les principales étapes du processus de transformation du chêne à merrain sur le site de Buxières-les-Mines, Allier.

6 000 m^3 de chêne sont approvisionnés par an. Très peu d'achats sur pied, en sachant qu'il y a quelques années, une vingtaine de coupes étaient achetées debout.

À présent, l'essentiel est acheté « à bord de route ». Les lots sont déjà triés, prêts à être acheminés à la méranderie. Sur le parc à grumes, le bois est arrosé afin de maintenir un taux d'humidité au-dessus de 30 %.

Cette opération évite à la matière d'être dégradée par les xylophages. Autre avantage, le dessévage, c'est-à-dire le remplacement de la sève par l'eau.

Un système de pompage-filtrage et des bassins de rétention assurent un arrosage en boucle afin d'éviter la pollution des sols par les tannins et les autres substances organiques issus du bois.

Stock de bois en grumes arrosé en permanence afin d'éviter la dégradation par attaques des insectes xylophages

Première opération, « l'auscultation » de la grume afin de prélever des infos sur la qualité puis s'ensuit le marquage de longueur des découpes

Découpe automatique, guide chaîne BZH, en longueurs commerciales de barriques allant de 0,90 m, 0,95 m, 1,05 m à 1,10 m, avec une surcote de 7 cm. Des billes plus courtes, 0,45 m à 0,70 m de longueur, tous les 5 cm, sont aussi découpées pour fabriquer ensuite les fonds de barrique.

Écorçage automatique avec l'écorceuse à fraise Sera-Gillet, en sortie de tronçonnage. Le but est d'enlever l'écorce, mais surtout tous les résidus du débardage, terre, pierres qui pourraient endommager par la suite les scies à ruban.

Première opération de fendage en deux de la bille sur la fendeuse hydraulique Critt bois

Étape clé du process. Toute l'expérience du fendeur est mise à l'épreuve à chaque fois. Il doit déterminer la manière optimale où placer le coin dans le sens des rayons médullaires pour suivre ensuite parfaitement le fil du bois.

Seconde opération de fendage, toujours sur le même principe que la première opération et son suivi strict du fil.

Ligne de refendage ruban, GP 100 Gillet, des quartiers dits de ''bois de fils tourmentés''.

Gros plan sur le refendage des bois tourmentés qui demande beaucoup de maîtrise de la part de l'opérateur qui doit suivre la courbure naturelle du bois. On retrouve ici la version moderne des anciennes scies qui équipaient les méranderies artisanales, souvent accolées aux scieries de chêne.

Refendage sur la scie à grumes, Gillet-M1TB, munie d'un chariot spécial, Sera-Gillet, capable de tenir le bois par les bouts. L'objectif, une fois encore, est de caler le quartier sur la lame de scie bi-coupe en tenant compte, une fois encore des rayons médullaires. Ici sont refendus les quartiers de ''fils droits''.

Délignage des merrains possédant une épaisseur de 32 mm ou de 28 mm. Selon les largeurs, les merrains seront délignés ''à profit de bois'' entre une largeur mini de 60 mm et une largeur maxi de 135 mm. Autrement dit pas un merrain n'aura une largeur identique.

Un paquet de merrains, prêt à rejoindre le parc de maturation de Marcenat, Allier. Le bois y séjournera pour atteindre le bon pourcentage d'humidité, autour de 16 %. Départ méranderie, le produit brut peut atteindre jusqu'à 5 000 € le m^3.

Un fût nécessitera l'emploi de 32 à 33 douelles. Des douelles obtenues à partir des merrains issus de la méranderie et qui sont usinées à la 4 faces de manière à ce qu'elles s'emboîtent parfaitement au moment de « l'assemble » et du cerclage des 33 000 barriques au sein de la tonnellerie Boutes.

CHIFFRES CLÉS 2017 DE LA TONNELLERIE FRANÇAISE www.tonneliersdefrance.fr

-Marché mondial : 800 000 pièces
-Fabrication hexagonale : 615 385 pièces
-60 ateliers, historiquement situés en Aquitaine, Bourgogne et Charente
-1328 salariés recensés au sein de la Fédération des tonneliers de France
-Leader mondial du secteur
-429 millions d'€ de C.A pour 2/3 à l'international : États-Unis le premier marché après la France, suivi par l'Espagne, l'Australie et l'Italie, mais aussi la Chine, l'Afrique du sud, la Nouvelle Zélande...
-Progression en volume de 2 % par an, mais de 4,5 % en valeur
-Président : Jean Luc Sylvain, dirigeant de la tonnellerie éponyme
-Un tiers de tonneliers emploie environ 5 salariés
-La moitié emploie en moyenne 25 personnes
-Quelques entreprises emploient 150 salariés et une 300 personnes
-Seule activité excédentaire de la filière bois dans la balance commerciale

L'opération clé dans une méranderie : le fendage dans le fil du bois afin de préserver l'étanchéité des barriques

LES MÉRANDIERS SE FÉDÈRENT

Les mérandiers afin d'être davantage représentatifs, se sont regroupés en syndicat professionnel. Leur président, Vincent Lefort, représentant le groupe « Chêne bois », dont la méranderie siège à Cérilly, Allier, répond aux questions.

Pourquoi la création d'un syndicat ?

La création du syndicat s'est faite à l'initiative des tonneliers-mérandiers. Au sein de la Fédération de la Tonnellerie Française, il y avait une commission merrain dont les axes principaux de travail étaient la relation avec l'ONF et les approvisionnements. On s'est aperçu qu'il y avait beaucoup à faire et notamment à réunir le plus largement possible toute la profession pour mutualiser, travailler, trouver des solutions ensemble et pour préparer l'avenir de cette belle profession…

Mais pourquoi ne pas vous être associé à la F.N.B ?

En fondant notre syndicat en 2016, il n'y a eu aucune volonté de s'opposer à la F.N.B, mais de construire avec les partenaires. 50 % des mérandiers sont affiliés au syndicat. Cela représente une soixantaine d'entreprises parsemées dans les zones viticoles et forestières et qui réalisent 80 % du volume de merrains.

Où en est le métier aujourd'hui ?

Le métier de mérandier a énormément évolué ces quinze dernières années. Il s'est surtout rapproché des tonneliers. Le milieu est très concentré et très professionnalisé. Il doit aujourd'hui respecter un cahier des charges précis et une traçabilité rigoureuse. L'effet induit est très positif. Les pratiques se sont harmonisées. Cependant, il reste de petits ateliers de fendage qui ont toute leur place et travaillent bien, mais le plus gros du volume est fait par les industriels.

Sur quel dossier le syndicat des mérandiers travaille-t-il actuellement ?

Le S.M.F. a constitué plusieurs groupes de travail. Un se charge des relations avec L'Office national des forêts. Un autre de la formation professionnelle et encore un autre de la sécurité des machines et du développement technique.

Vous êtes également le dirigeant de la méranderie «Chêne Bois » installée en 2009 à Cérilly sur le site de l'ancienne scierie Friaud : 1500 m^3 de merrains en 2017. Vous avez la particularité d'avoir créé votre propre centre de formation sur le site de la méranderie. Pourquoi et comment se déroule cette formation ?

Nous avons créé notre propre centre de formation, car nous avions et avons encore besoin de former notre personnel et il n'existe pas de structure spécifique de formation. Au-delà, nous souhaitons former notre personnel dans l'esprit d'une progression des compétences en continu afin de valoriser au mieux la matière chêne. Nous avons un formateur expert mérandier, qui a appris dans sa jeunesse son métier « à la main » dans la forêt de Tronçais et dirige un de nos ateliers depuis 20 ans. Au sein de nos équipes, il a la responsabilité de la formation et du savoir-faire métier. L'ensemble du personnel « passe dans ses mains » pour apprendre, être confirmé et recevoir les « diplômes maison ».

L'APPROVISIONNEMENT DES MÉRANDERIES, EN QUESTIONS

Nicolas Tarteret, dirigeant de la méranderie NTBois à Aix-en-Othe dans l'Aube et d'une tonnellerie à Mercurey, se penche sur la problématique approvisionnement en matière première.

Quel volume de grumes consommez-vous ?

Nous manipulons environ 35 000 m^3 de bois, toutes essences confondues.

Auprès de qui vous approvisionnez-vous et dans quels secteurs géographiques ?

Nous nous approvisionnons à 60 % auprès de l'ONF, à 20 % auprès d'autres fournisseurs (exploitants, scieurs) et environ 20 % auprès des propriétaires privés. Notre rayon d'action couvre toute la partie Nord de la Loire avec une concentration en Bourgogne / Franche Comté et dans la région Grand Est.

Quelle qualité de bois recherchez-vous ?

Avec notre activité d'exploitation forestière, nous recherchons toutes les qualités de chêne, un peu de hêtre et divers avec une attirance particulière par les grains fins de chêne.

Quels sont les coûts d'achat au m^3 ?

Les coûts d'achats varient énormément. On peut acheter des lots de 100 €/m^3 de moyenne à des découpes particulières en forêt domaniale prestigieuse jusqu'à 800 €/m^3.

Quels sont les avantages d'avoir associé la méranderie à votre propre tonnellerie ?

Je dirais que, dans un premier temps, ce qui m'a toujours guidé a été d'avoir plusieurs activités. Ceci dans un but de pérenniser l'entreprise. Être trop spécialisé rend les entreprises fragiles.

La problématique « Manque de bois » vous touche-t-elle, comme elle touche les scieries de chêne ? Qu'en pensez-vous ?

Bien sûr que ce « manque de bois » nous touche. La tempête a fait des dégâts et l'ONF, on le sait maintenant, a coupé trop de chêne ces dernières années. Ceci cumulé à l'export de grumes et aux développements des marchés internationaux fait que pour avoir des grumes, on est obligé de payer plus cher. C'est très compliqué pour tous les transformateurs comme nous qui avons des difficultés à répercuter les hausses sur nos produits .Nous perdons des clients à cause de ces facteurs. Par contre, c'est bon pour la forêt en espérant qu'une bonne partie de ces gains sont réinvestis dans la sylviculture.

Les scieurs de chêne ont souvent accusé les mérandiers de « mettre le feu » lors des ventes de bois et donc de contribuer artificiellement à la hausse des cours. Qu'en pensez-vous ?

La tonnellerie est l'activité, à ce jour, qui rémunère le mieux les chênes à grains fins. Ceci dit, on constate depuis deux ans que des chênes à grains mi-fins ou grains normaux sont aujourd'hui mieux payés par les scieurs. Le chêne est une matière première et, comme toute matière première, les prix varient en fonction des marchés et de la demande.

J'assiste depuis 25 ans à d'énormes changements de marché pour le chêne et je pense que cela continuera. Lorsque j'ai démarré, c'était la cuisine en chêne et le meuble qui était porteur. Puis, on a assisté au développement du parquet. Dans un premier temps, dans des petites dimensions puis la mode des parquets larges. Aujourd'hui, la traverse, les avivés, les plots, le merrain, les équarris pour l'Asie : la

demande est mondiale, mais avec des marchés complètement instables avec des monnaies qui varient.
Notre métier de transformation est menacé dans un premier temps par ce « manque de bois » et dans un second temps à cause de cette hyper spécialisation vers laquelle nous pousse l'intégration de l'exploitation forestière par les propriétaires privés ou publics. Ceci n'est pas bon pour nos entreprises et chacun cherche sa voie.

GRAND CONTENANT, UN MARCHÉ POUR LA SCIERIE CHIGNAC

En parallèle des méranderies spécialisées plutôt dans la production de produits courts destinés à la tonnellerie, des scieurs répondent au marché des grands contenants. C'est le cas de la scierie Chignac située à Meaulne dans l'Allier, transformant plus de 6 000 m^3, principalement du chêne.

Quelle est la part de votre volume de produits sciés destinés aux grands contenants ?

Le volume est modeste, il représente environ 10/15 % du volume de chêne transformé annuellement, soit environ 700 m^3/an de billes de pied exclusivement.

Tous les bois ne peuvent être transformés en avivés de tonnellerie : il y aura toujours des bois non transformables si la pente de fil ne permet pas un respect scrupuleux des exigences de ce produit.

l faut alors les transformer en plots ou en débits de scierie pour la menuiserie, mais les tarifs ne sont plus les mêmes.

Quelles sont les caractéristiques dimensionnelles de ces produits et quel choix de bois y est attribué ?

Dans une fourchette de longueurs de 1,40 m à 3,00 m, et sur des épaisseurs principalement en 55 et 65 mm (nous facturons 52 et 60 mm à nos clients utilisateurs). Largeur à partir de 80 mm et sans limitation. On comprendra ainsi que ces produits ne peuvent être « fendus » comme le sont les bois pour les barriques.

Est-il difficile de produire les sciages destinés aux grands contenants ?

Ayant fait le choix de produire exclusivement des avivés et non pas des plots comme le fait la majorité de nos confrères, il faut maîtriser le sciage sur quartier : rendement matière de 15 à 35% suivant la qualité de chaque bille. Aujourd'hui, c'est un savoir-faire qui s'est quelque peu perdu quand cela s'opère sur du matériel de scierie conventionnel : ne pas compter sur des volumes de production importants quand l'objectif est de scier des produits exclusivement sur quartier. Ce savoir-faire, nous l'avions déjà du temps où nous produisions des débits de chêne pour les portes dans les années 80, c'est à partir des années 90 que nous sommes devenus des spécialistes des avivés de tonnellerie.

Y a-t-il une méthode de sciage spécifique ?

Bien sûr… C'est mon frère qui est le garant de la qualité de nos produits, car ce n'est pas seulement du sciage sur quartier. Faut-il encore respecter le fil droit qui fera la qualité de chaque avivé de tonnellerie !

Quels sont les utilisateurs du produit final ?

Ce sont les tonnelleries qui ont dans leur gamme de produits des grands contenants de types foudres ou cuves. Nous écoulons ces produits majoritairement en France et un peu à l'export (Italie) auprès de clients historiques de l'entreprise.

Dans quelle fourchette de prix se négocient les sciages destinés aux grands contenants ?

Sur le marché français, actuellement les tarifs se situent entre 2 000 et 3 000 euros par m^3 suivant les caractéristiques dimensionnelles des produits. Face à une demande forte, nos produits n'ont plus le temps de séjourner sur nos parcs, nous n'avons donc pas à financer les coûts du séchage, qui n'est pas neutre sur des bois de plus de 50 mm d'épaisseur. Mais ces tarifs sont à peine suffisants dans le contexte d'approvisionnement que nous traversons, et l'accès aux gros bois de chêne de qualité est un défi permanent. Le marché des grands contenants est en progression, je pense que la forte demande se traduira aussi par des progressions tarifaires : c'est une transformation qui ne peut se faire que de façon artisanale. Je pense que les volumes disponibles sur le marché resteront modestes, il y a une certaine difficulté à les produire et nous resterons peu nombreux sur ce créneau qui ne « pousse pas beaucoup de volume dans la scie ».

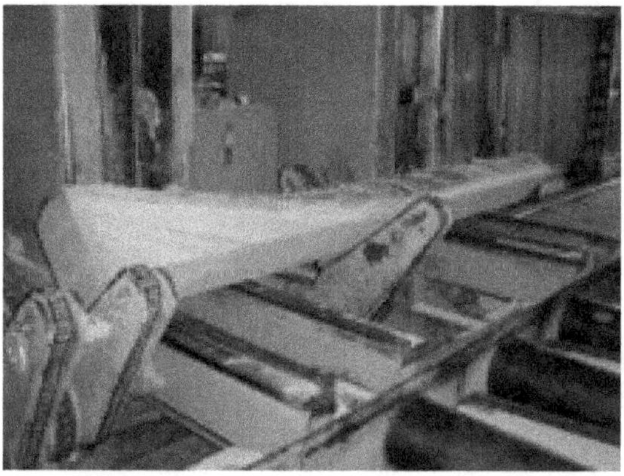

Une règle dans le sciage des avivés de tonnellerie, respecter ''le fil droit'' du bois

Bois de cuves pour les caves de Cognac

DEUXIÈME PARTIE

Du sciage des gros bois à l'analyse de la décennie

LA TRANSFORMATION DES GROS ET TRÈS GROS BOIS RÉSINEUX AVANCE EN 2018

Fabricants et scieurs européens musclent le matériel de sciage

En France et depuis deux années, la problématique ''gros bois résineux'' demeure et s'est même élargie à l'ensemble de l'arc alpin du Nord au Sud en franchissant les frontières en direction de la Suisse, de l'Allemagne et de l'Autriche[9]. Preuve s'il en est que le sujet n'est pas un problème mineur, mais bel et bien majeur et pris au sérieux au plus haut niveau de la profession. C'est aussi un signal positif adressé aux propriétaires publics et privés de la ressource forestière.

Si l'on n'ignorait pas que les petites et moyennes scieries équipées de ruban étaient capables de transformer les gros et même les très gros diamètres de résineux, on doutait il y a deux ans encore que les scieries industrielles versant dans la cantérisation investissent en direction de la transformation de ces types de bois. Il convient d'admettre que l'on s'est trompé lorsque l'on apprend qu'en Autriche comme dans les Vosges deux gros producteurs ont investi dans des lignes de sciage cantérisé pouvant accepter des diamètres de 70 à 75 cm.

Avec, pour l'un d'entre eux, le projet même, de coupler la ligne ruban existante afin de dégrossir les très gros diamètres avant leur passage sur le canter circulaire.

Sans parler de tous ces scieurs de résineux qui viennent de renouveler leur scie de tête en bâti vertical ou incliné afin d'en augmenter ses capacités d'admission. À ce titre, la Ligna d'Hanovre de mai 2017 a exposé des bâtis de grandes capacités, supérieures à 1600 mm, et des canters dits à ''bois forts''.

À n'en pas douter, les fabricants européens ont entendu la demande des producteurs, coupant ainsi l'herbe sous le pied de ceux qui colportent la fausse idée que les scieurs français et européens n'ont pas les moyens techniques pour transformer les gros et très gros bois résineux.

---

[9] ''Le gros bois à l'ordre du jour'' de la 58e rencontre des quatre pays de l'industrie du sciage. Le bois international du 13 octobre 2018

La qualité avant tout de la ressource

Concernant la ressource proprement dite, l'Observatoire du métier de la scierie dans ses conclusions de 2016 proposait un changement radical de paradigme quant à l'approche qualitative de la matière. L'idée a fait son chemin puisqu'il est enfin entendu et admis que les producteurs ne sont pas contre les gros et très gros bois, mais contre la non qualité. Autrement dit, doit-être acheminée à la scierie une matière de ''qualité supérieure'' et non plus ''le tout venant'' qui est la source première de non-rentabilité. Un ''tout-venant'' qui produit trop de déconvenues à l'ouverture à cause de la présence de vices cachés : nœuds, fentes, roulure, pourriture, blessure, mitraille...

La solution idéale préconisée : trier en excluant les sujets de bordure bien trop noueux, puis alloter si possible par qualité, A, menuiserie, B, charpente, C, emballage. Reste à trouver pour les détenteurs (propriétaires) ou les mobilisateurs (exploitants forestiers, coopératives) de la ressource le ou les débouchés pour les bois exclus du sciage. Les scieurs ne voulant plus assumer cette charge. Certains parlent de déroulage et d'autres carrément de broyage sur place de dépôt ou encore d'export. Les sylviculteurs les plus avertis parlent de ''purger'' ces ''gros vilains bois'' impropres au marché du sciage. Pour aller dans ce sens, la Suisse a soulevé l'idée d'une politique forestière[10] basée sur le ''Fitness de la forêt''.

Partant du constat qu'il y a trop de gros bois et qu'il faut les extraire, il convient de prévoir des investissements en faveur d'infrastructures forestières et de treuillage.

De la réflexion à l'action

En France et suite à de nombreux groupes de travail qui se sont constitués en Rhône-Alpes, dans le Massif central, dans les Pyrénées et dans les Vosges, certains participants demandent qu'après les débats et les constats un plan ou plusieurs plans d'action soient actés autour :

---

[10] Rapport annuel 2014.Industrie du bois suisse. www.holz-bois.ch

- d'un recensement du potentiel de la ressource gros et très gros bois et de celui des transformateurs qu'ils soient artisans, semi-industriels ou industriels ;

- de l'évacuation des sujets impropres au sciage ;

-d'un plan marketing d'envergure afin de redonner leurs lettres de noblesse aux débits de bois massif qui occupent une place importante dans la construction et même dans l'emballage ;

- d'une traçabilité mettant en avant une caractérisation autour des qualités mécaniques, d'une transformation en circuit court et des valeurs écologiques d'un produit dépourvu de colle et fortement duramenisé ne nécessitant pas de traitement de conservation dans le cas du douglas par exemple ;

- de la mise en place d'une véritable filière de transformation des gros et très gros bois résineux à partir de ''bois de choix'' et non plus du tout venant ;

- de la sensibilisation des consommateurs au ''bois de chez nous'' en direction des prescripteurs et des décideurs, mais aussi du grand public en suivant l'exemple de l'industrie du bois suisse qui a mis en place en 2017 et pour trois ans la campagne WOODVETIA et, en particulier, « Les journées du bois suisse »[11] dans tout le pays.

Les gros et très gros bois résineux, oui, mais que de la qualité supérieure et non du ''tout venant''

Le meilleur moyen pour débiter les très gros bois résineux, le ruban à grumes

[11] Rapport annuel 2017. Industrie du bois suisse. www.holz-bois.ch.

La parole à un scieur spécialiste du sciage gros bois

En conclusion et, selon Benjamin Mathieu, dirigeant de la scierie éponyme à Xonrupt-Longemer dans les Vosges et spécialiste du sciage des gros et très gros résineux[12] à l'aide d'un ruban à grumes canadien Comact bi-coupe de 1800 mm « le gros bois c'est ''la surprise Kinder''. Menuiserie sur les côtés, bois de charpente ensuite et coffrage au centre. »

Et Dominique son père de rajouter « le sciage du gros bois est une passion. Cela demande un savoir-faire avéré et une gestion rigoureuse appuyée sur des statistiques précises afin d'en établir les prix de revient. Pour cela, le ''scieur de tête'' reste le personnage clef de l'unité de production. Le rendement matière est capital. Il doit être très supérieur à la cantérisation des bois moyens. Une obligation afin de compenser les coûts de sciage qui peuvent tripler par rapport au sciage cantérisé ».

La halle de Lamure-sur-Azergues, Rhône, a reçu en 2018, plusieurs prix, dont celui de la construction bois et du coup de cœur du public. Occasion de mettre en valeur les 63 m^3 de sciages massifs en douglas issus du Haut-Beaujolais et débités par la scierie Boissif, Mardore, Rhône. Diamètres moyens des billes 60 cm. Sections principales 180 mm x 200 mm et 120 mm x 180 mm. Grandes longueurs de 8 m jusqu'à 10 m

[12] 32 000 m^3/an.

NOUVELLE APPROCHE DU SCIAGE DES TRÈS GROS BOIS

La scierie nationale se trouve confrontée au manque de rentabilité lorsqu'elle doit transformer des très gros bois au-dessus d'un mètre de diamètre.

Une nouvelle façon de transformer, portée par l'Observatoire du métier de la scierie et un groupe composé de scieurs spécialisés dans le très gros bois et de plusieurs fabricants de matériels, pourrait rendre à nouveau attractive une matière boudée par les scieries en raison de la complexité de sa transformation.

Scier le très gros bois, un problème récurrent

Évoquant la transformation des gros et très gros bois résineux, mais aussi feuillus, le Plan recherche et innovation 2025, filière forêt-bois[13] en fait une des actions en ces termes « améliorer les processus de transformation des gros bois : création d'unités pilotes et développement de nouveaux produits ». Dans ce sens, l'Observatoire du métier de la scierie et un groupe de professionnels (scieurs et fabricants) a poursuivi la réflexion engagée dans l'étude gros Bois[14].

Transformer, en effet, les très gros bois résineux au-dessus du mètre de diamètre est un problème que bon nombre de scieurs rencontrent. Même si la scierie possède du matériel de sciage ruban conventionnel et vertical de grande capacité, il n'en demeure pas moins que les cadences de débit sont ralenties. Résultat, un manque de rentabilité dans la transformation des très gros bois.

Il en résulte des coûts de transformation estimés, selon les professionnels, autour de 60 €/m^3, à comparer aux 30 €/m^3 pour le sciage cantérisé, accouplé avec des circulaires ou des rubans. Une problématique récurrente qui n'encourage guère l'acquisition de très gros bois en vue de leur transformation,

[13]http://agriculture.gouv.fr/sites/minagri/files/2016_rapport_filiere_foretbois_2025.pdf.

[14] Le gros bois résineux, une ressource à redécouvrir. Le bois international, supplément au N°41, 10 décembre 2016.

sauf pour le chêne en particulier, qui semble avoir au contraire les faveurs des transformateurs.

Découvrir les qualités des très gros bois par l'intérieur

L'idée principale est de changer de paradigme en ne découvrant plus la qualité par l'extérieur, au fur et à mesure et lentement (à cause des hauteurs de sciage et des lourdes charges à transporter), mais par l'intérieur : d'où l'idée de partager le bois par le cœur puis de le refendre et de cantériser le bois afin d'en faire des blocks.

Débit sur quartier d'un très gros douglas dans une scierie belge

L'intérêt étant aussi de diriger des bois impropres au sciage directement au broyage après refendage par sciage.

Les avantages d'une telle pratique seraient :

-de ne plus déplacer inutilement et surtout lentement de gros volumes et de gros poids (600 à 800 kg/m^3) sur des chariots porteurs (scie à grume conventionnelle). Ce qui occasionne usures et fatigues inutiles du matériel : rails, galets, paliers et roulements. Sans omettre que la lame de scie (organe majeur du sciage) force et chauffe plus (désaffûtage et détensionnage assurés) ;

-de simplifier la méthode de sciage ;

-de faciliter la précision du sciage par le fait de reprendre des blocks et non plus une grosse et haute masse de bois ;

-d'éviter et de supprimer les chutes de bois brutales au chargement, au retournement et aux sorties de sciage tombant de scie ;

-d'utiliser le concept de la cantérisation aujourd'hui au point et vulgarisé dans les lignes de canter, mais limité à des diamètres moyens de 500 mm ;

-d'éviter les retournements multiples du bois : perte de temps, fatigue du matériel, lassitude de l'opérateur...

-de supprimer les dangers dans les risques de décrochement du bois sur les chariots traditionnels et à plus forte raison l'hiver avec le bois gelé…

-de gagner en productivité grâce au sciage plus rapide lors de la reprise des quartiers.

Le sciage

La bille écorcée est transportée par une chaîne d'amenage robuste au pied du deck de chargement de la table de refente équipée d'une base lourde et bien ancrée au sol, d'un système de griffage et de retournement, d'un ruban horizontal et d'une lame large. Un grand entre-axe est nécessaire afin de refendre de gros à très gros diamètres (supérieur à 1 m).

La table de refente horizontale partage la bille en noyaux de 250 mm maxi. Un système d'optimisation permet d'orienter au mieux la bille sur la table. Chaque noyau est ensuite poussé par un pousseur intégré ou non à la machine, sur la chaîne (ou tapis) qui alimente le canter-refendeur équipé de scies à ruban jumelles. À la suite de cet outil de sciage vertical on obtient des blocks de bois équarris (au moins trois blocks par noyau) ou repassé suite à un retour par carrousel. (**Solution plan type scierie très gros bois avec table de refente, canter refendeur scies jumelles**)

Dans le cas où après l'ouverture horizontale et le refendage vertical la qualité découverte (fente, roulure, gros nœuds, etc.) ne conviendrait pas à la suite de la transformation, les quartiers seront évacués, sans avoir été cantérisés, vers un broyage de grosse capacité.

Un seul opérateur devrait conduire à la fois la table de refente et le canter-refendeur.

Le canter-refendeur pourrait aussi être remplacé par une scie à grumes conventionnelle qui reprendrait directement les noyaux de grandes largeurs issus de la table de refente, mais ce qui obligerait à avoir un opérateur supplémentaire. (**Solution plan type scierie très gros bois avec scie à grumes)**

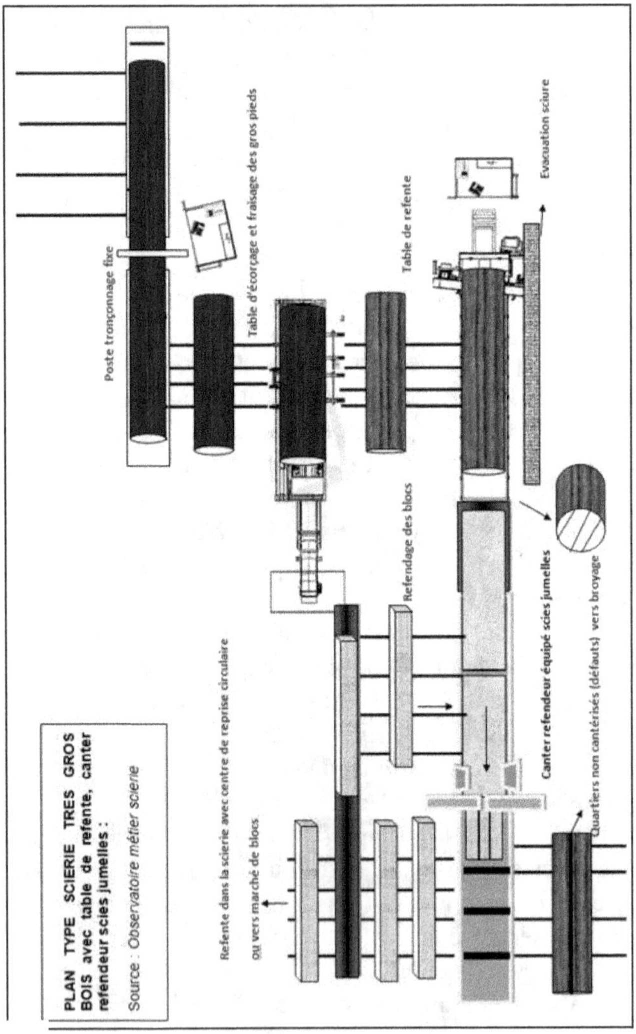

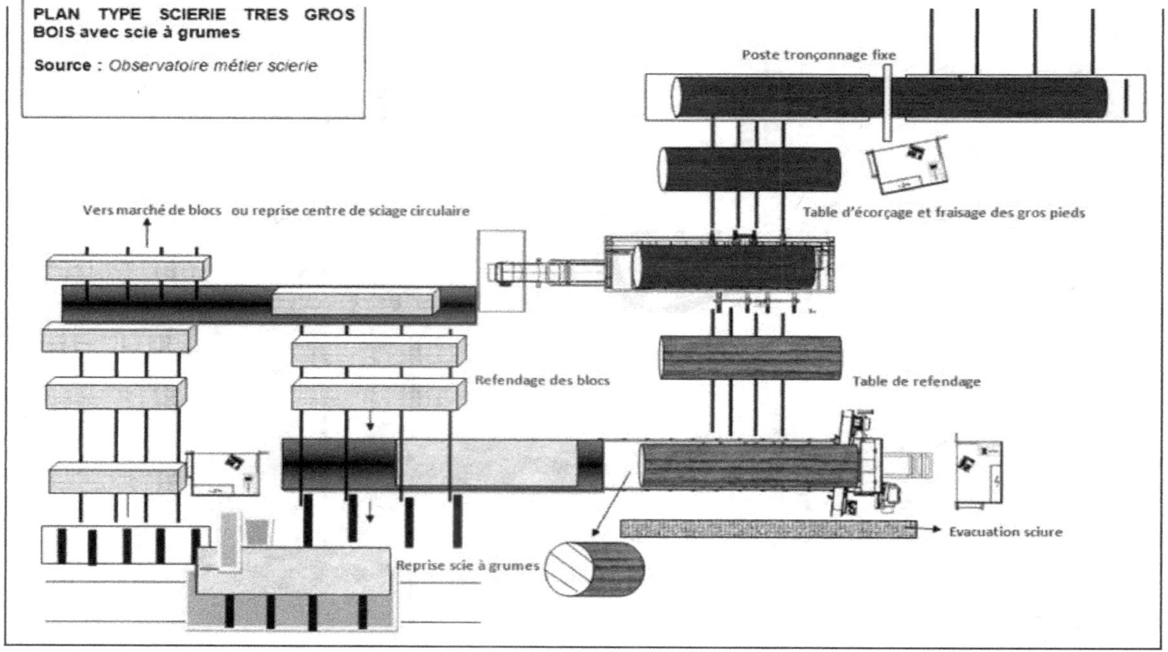

PLAN TYPE SCIERIE TRES GROS BOIS avec scie à grumes

Source : *Observatoire métier scierie*

Reprise-classement

Les blocks obtenus peuvent être utilisés tels quels (grosses pièces de charpente), mais aussi repris (dans le cas d'une transformation intégrée) sur un centre de reprise circulaire de grande capacité pouvant admettre des hauteurs de sciage jusqu'à 250 mm (charpente, emballage), ou sur un ruban incliné avec carrousel pour le débit sur quartier, mais aussi sur dosse (nouvelle tendance du parquet)...

Pour le tri et le classement des produits, les systèmes en pointe qui existent sont utilisés : trimmer, chaîne de tri (box ou casiers latéraux), empileuse en bout de chaîne de tri ou séparée.

Un marché de ''blocks de bois'' à créer

Les blocks pourraient être revendus tels quels à d'autres scieurs ou fabricants qui les transformeraient selon leurs spécificités et leurs besoins : charpente, emballage, menuiserie, parquet... Un marché de ''blocks de bois'' pourrait voir le jour et ne plus se cantonner aux « équarris de chêne » qui sont exportés en direction de la Chine ! Un scannage des blocks pourrait servir d'interface commerciale entre transformateur et utilisateur. De manière à acheter avant tout une qualité correspondant aux besoins finaux. On pourrait imaginer un scannage des faces des blocks afin de les rendre visibles sur le commerce en ligne.

Scans de placage dans des échanges commerciaux entre un client français et un producteur américain. La méthode de scannage des placages permet de montrer au client le dessin du bois, ses dimensions, sa surface et la qualité globale de la grume une fois tranchée. Sont visibles nœuds, veine, maille, etc.

REGARD SUR LA DERNIÈRE DÉCENNIE DU SCIAGE FRANÇAIS

La décennie traversée a été rude pour le petit monde de la scierie française confronté à la crise. En 2017, le milieu professionnel comptait 1400 entreprises pour une production d'un peu plus de 8 millions de m^3 de sciages : 1,3 Mm^3 de feuillus et 6,7 Mm^3 de résineux. Bilan des dix ans écoulés par l'Observatoire du métier de la scierie.

De l'industrie à l'artisanat du sciage résineux

Pendant la dernière décennie (2007-2017) la concentration du milieu s'est poursuivie (750 scieries de moins) sans que les entreprises restantes réussissent à maintenir le volume de sciage en dessus du plafond historique des 10 Mm^3 et encore moins d'aller vers des sommets stratosphériques (essentiellement dans le résineux) comme les 21 Mm^3 de l'Allemagne et les 16 Mm^3 de la Suède.

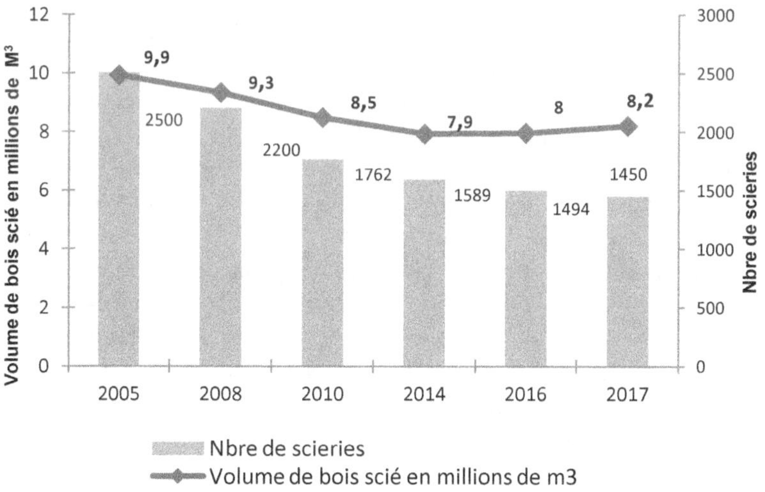

Évolution entre 2005 et 2017 des scieries françaises :
Source Agreste et Observatoire métier scierie

Malgré la crise, si beaucoup de scieries ont disparu[15], de gros efforts ont été fournis dans la modernisation du secteur industriel : parc à grumes, sciage cantérisé, triage, classement, colisage, séchage et usinage.

Résultat, le secteur des scieries de la classe ''+ 20 000 m^3 de sciages''[16] qui représente 5 % des scieries, soit 75 unités en 2016 pour 91 en 2005, a produit en 2016, 4 278 000 m^3, 53,5 % du volume total : essentiellement dans le résineux. Au final, entre 2005 et 2016, ce sont 10 % d'augmentation de productivité et surtout une hausse de 20 % par scierie, soit 57 040 m^3 en 2016 pour 47 396 m^3 en 2005.

Ce même secteur a dans cette dernière décennie rattrapé son retard technologique par rapport aux confrères européens en matière de cantérisation et aussi de valorisation des produits connexes par le biais de la granulation et de la cogénération.

L'Observatoire du métier de la scierie relève la présence de quelque 50 lignes de cantérisation en France, dont les deux dernières installations d'importance, une dans les Vosges et l'autre en Savoie. Des lignes adaptées essentiellement au sciage de charpente industrielle et d'emballage à partir de moyens et petits diamètres de bois, avec cependant quelques canters dits ''à bois forts'' capables de débiter des diamètres jusqu'à 70 cm. Les gros bois sont plus généralement et toujours transformés en charpente traditionnelle (grosse pièce et grande longueur) grâce au savoir-faire des scieurs industriels possédant presque tous une ligne ruban associée à un centre de reprise de grosse capacité. Bien que décriés, on voit toujours des gros, voire des très gros bois résineux sur les parcs à grumes. Même si la qualité est parfois aléatoire la production de charpente massive trouve là sa matière première idéale. En résumé les scieurs ne sont pas contre les gros et très gros bois résineux. Ce qu'ils veulent c'est de la qualité afin d'optimiser au mieux le sciage et le rendement matière.

À souligner également l'implantation dans cette dernière décennie chez deux leaders du sciage national d'un

[15] Bon nombre dans le feuillu, mais sans en connaître le chiffre exact. La presse locale en a souvent fait l'écho sur tout le territoire.
[16] Données Agreste.

scanner de grumes. Un investissement d'avant-garde, seulement fait par une poignée de scieurs au monde, ouvrant la voie à une nouvelle méthode de caractérisation de la matière en amont du sciage. Pour la première fois, et grâce à la tomodensitométrie assistée par ordinateur, on ''voit enfin l'intérieur'' du bois. Une technologie qui pourrait dans un futur proche changer complètement l'approvisionnement des scieries, qui serait contractualisé sur des qualités approuvées et non aléatoires.

Seul bémol et alors que se développe en Europe une production massive de bois dits techniques (BLC, BMC, KVH, CLT...) poussée par les grands groupes de sciages (Binder Holz, Stora Enso, Pfeifer Holz) et qu'un volume de 1 million de m^3 devrait être atteint en 2020, la France n'en sera qu'à quelques dizaines de milliers de m^3.

À prendre aussi en considération dans le domaine des résineux la mise en cause de plus en plus prégnante de la problématique des coupes rases et d'une sylviculture basée sur une production intensive du douglas et du pin maritime. Montrées du doigt, la monoculture et l'exploitation sont de plus en plus dénoncées et critiquées par les courants environnementalistes pour les dégâts qu'elles causent, principalement au sol.

En parallèle du domaine industriel, les secteurs artisanal et semi-industriel du sciage résineux (qui ont aussi investi afin de renouveler leur outil de production en tout ou partie) ont aussi souffert de la crise du bâtiment.

Les deux secteurs axés sur le marché de niche de la charpente traditionnelle, ont dû faute de travail (visibilité seulement à quelques jours), rediriger une partie de leur activité vers l'emballage : domaine moins touché par la crise.

De plus, la production de plaquettes issues du broyage a apporté un ballon d'oxygène permettant d'équilibrer des bilans financiers fortement tendus !

Occasion aussi de développer davantage la vente directe en améliorant les conditions d'accueil par l'installation de showrooms mettant en avant quincaillerie, produits de traitement et dérivés du bois.

Le chêne en point de mire

Dans cette rétrospective, il convient de ne pas négliger le secteur de la transformation du feuillu. En particulier celui du chêne dont la presse s'est largement fait l'écho, tant pour déplorer les fermetures d'entreprises que pour dénoncer la fuite de grumes vers des marchés plus lucratifs : la Chine en particulier. Et surtout insister sur l'envolée des prix.

Malgré, en effet, l'introduction d'un label ''Transformation UE'' instauré pour les bois issus du domaine public, ce ne sont pas moins de 420 000 m^3 qui en 2018 et selon la FNB[17] quitteront le territoire chargés dans des conteneurs. Un problème qui divise la profession et qui a poussé un certain nombre d'exploitants forestiers à quitter la Fédération nationale du bois, FNB, le syndicat de tutelle historique, pour créer leur propre structure représentative, le Syndicat de la filière bois, SFB.

Au final, cette décennie a révélé que les scieurs ne sont plus les acteurs dominants dans le commerce du bois rond feuillu. Il y a désormais les mérandiers qui sont devenus en une décennie de vrais industriels de la transformation, les exploitants purs ne possédant pas d'outils de transformation, les coopératives forestières et enfin plus discrets les traders, négociants internationaux, véritables ''rabatteurs'' de matière première.

Le domaine de la transformation du feuillu, en particulier celui du chêne, est malmené à cause des problèmes liés à l'approvisionnement d'une matière moins disponible en forêt et plus exportée à l'état brut. Du coup, un renchérissement qui s'élève à près de 50 % par rapport à quelques années en arrière.

Malgré des parts de marché retrouvées, avec le redémarrage du secteur depuis plus de quatre ans, pour les plots, frises, avivés ou bois équarris, la rentabilité ne semble pas là, selon l'avis des professionnels ! La fragilité du secteur fait craindre encore la disparition de nombreuses scieries. Bon nombre de producteurs cherchent à réorienter leurs productions en direction du hêtre, une essence moins sollicitée, mais encore

---

[17] Assemblée générale de la FNB en décembre 2017.

faut-il que des marchés de masse existent, tant sur le territoire qu'à l'export…

Certains esprits chagrins ne manquent pas de souligner, à tort ou à raison, que la faible compétitivité est liée au manque d'investissement dans les équipements, mais aussi à l'insuffisance de la revalorisation des produits…

Remarque recevable peut-être au regard de certaines installations vieillissantes, mais certainement pas chez les producteurs qui investissent régulièrement dans leur système productif : matériel de sciage, séchage, rabotage, usinage, collage…

Le regard se porte actuellement sur la valorisation des blocks[18] sur notre territoire. Plutôt, en effet, que d'exporter plus de 40 000 m^3 de pièces équarries en direction essentiellement de l'Asie, mieux vaudrait-il les transformer en lamelles[19] dans un système de sciage en ligne très productif installé dans quelques scieries industrielles !

Une pratique qui dans notre pays pourrait se développer dans l'avenir avec d'un côté des scieurs qui seraient des équarrisseurs et de l'autre des scieurs qui reprendraient seulement les équarris, en séchant et usinant les produits finis.

Une pratique qui pourrait aussi se développer dans le résineux, particulièrement dans la transformation des gros et très gros bois[20].

---

[18] Équarris de chêne : largeurs, 230 mm, 280 mm et 320 mm. Les épaisseurs vont de 70 mm à 180 mm pour les standards. Les largeurs de 230 mm et 280 mm sont en 2 m de long et celles de 320 mm en 2,90 m et 3,20 m. Il existe deux choix : le AB et le CD.

[19] Utilisées ensuite et après séchage en lamelles pour la fabrication de parquet contrecollé.

[20] « Quelle approche pour le sciage des très gros bois ? » In : Le bois international 26 août 2017.

LES SCIERIES INDUSTRIELLES EUROPÉENNES INVESTISSENT MASSIVEMENT DANS LES BOIS TECHNIQUES

Ce chapitre dresse les grandes tendances de l'industrie du bois européenne. Une analyse s'appuyant en partie sur le rapport annuel produit par l'industrie du bois suisse[21] et sur les données de Holzkurier pour le classement des entreprises leaders du secteur bois collé ainsi que celui des plus grosses scieries mondiales.

Confirmation de la reprise depuis 2017

La reprise d'activité, commentée par les scieurs dans les allées de la Ligna d'Hanovre en mai 2017, s'est confirmée le restant de l'année et sur le premier semestre 2018. Un niveau de travail supérieur à la moyenne dans tous les segments, que ce soit dans la construction, comme dans l'emballage. Sans omettre, le renchérissement des coûts de fabrication (frais d'électricité et coût du travail), mais aussi de la matière première.

Les gros bois à l'ordre du jour

La 58ème rencontre des quatre pays de l'industrie du sciage de septembre 2017 à Soultz en Alsace[22] a permis de mettre à l'ordre du jour le sujet de l'exploitation des gros bois résineux. Preuve que la préoccupation touche l'ensemble des producteurs des massifs forestiers de l'arc alpin du Nord au Sud, surtout chez les scieurs industriels coutumiers pratiquant la cantérisation. Tous s'accordent sur l'idée qu'il faut s'attendre à une multiplication des gros bois et très gros bois et que cela aura une incidence pour l'industrie de la scierie. Entendons par là qu'il va falloir prendre en considération cet aspect et adapter les moyens de production. Un conseil dont s'est emparée la scierie vosgienne Germain Mougenot qui a démarré sa ligne de

---

[21] Rapport annuel 2017, sorti en juin 2018. Source : http://www.holz-bois.ch/fr/association/publications.

[22] 22 représentants venus d'Alsace, Tyrol, Suisse et Bade-Wurtemberg

canter Linck dite ''à bois forts''[23] en ce début d'année 2018 et qui projette de relier son ruban à grumes à la ligne canter pouvant accepter des diamètres jusqu'à 70 à 75 cm.

Des billes qui seront équarries et terminées sur la ligne canter. Techniques que par ailleurs d'autres scieurs utilisent déjà, par exemple la scierie Betemps à Bonneville en Haute-Savoie.

Une démarche que suit également Holzindustrie Stallinger à Frankenmarkt en Autriche. Fin 2018-début 2019, en effet, une nouvelle installation, projet à 30 millions d'euros, devrait remplacer l'ancienne ligne canter vieille de 15 ans déjà. La ligne va pouvoir transformer les billes jusqu'à 60 cm de diamètre : alors qu'elle était limitée jusqu'à présent à 45 cm. Techniquement, il s'agit d'une ligne similaire à celle que les frères Stallinger avaient installée en 2007 en Suisse à Domat-Ems dans les Grisons, puis reprise un an plus tard par un autre autrichien Mayr-Melnhof[24].

Pour les frères Stallinger, deux raisons les ont poussés à investir « la première, dès 2019 : avoir un avantage aux achats. C'est-à-dire, pouvoir pratiquement prendre tous les diamètres et de ne pas viser uniquement les diamètres moyens » ou encore de ne prélever que les surbilles des grumes, en laissant en souffrance les pieds trop gros comme on peut le voir en France et au bord des chemins, dans le Haut Beaujolais par exemple.

« La seconde : le rendement matière et de nouvelles disponibilités de mesures et d'optimisation plus élaborées que sur notre ancien canter »

---

[23]Schéma de production visible sur : https://www.linck.com/fr/contenu/solutions/sciage-de-bois-forts.html.

[24] On connait la suite, un dépôt de bilan en 2010 et un rachat du matériel par Klausner en 2011 qu'il a installé ensuite sur son site créé de toutes pièces à Live Oak en Floride. Klausner qui ne possède plus de scieries en Europe a été l'un des plus gros groupes de sciage européen en 2008 avec plus de 4,1 millions de m^3.

LE « CLUB DES MILLIONS » DES PLUS GROS SCIEURS MONDIAUX

Selon Martina Nöstler, l'auteure du classement[25] des plus gros scieurs mondiaux « les grands du sciage deviennent encore plus grands, mais dans l'ensemble une production à peine plus élevée ». Les entreprises les plus importantes se trouvent en Amérique du Nord, mais un groupe européen occupe la 6e place.

Top 6 (chiffres 2017)

N°1- West Fraser est pour la dixième année consécutive le plus grand producteur de sciages résineux du monde. Sept scieries sont détenues en Colombie-Britannique, six en Alberta et vingt-et-une dans le sud des USA. Production 2017, 10 Mm^3 soit 5 % de plus par rapport à 2016.

N°2- Canfor, vingt-quatre scieries pour 8,2 Mm^3 en 2015 dans le sud des USA.

N°3-Weyerhaeuser, 7,2 Mm^3, seize scieries aux USA et trois dans l'Ouest canadien.

N°4 et N°5 - Georgia Pacific et Interfor, autour de 6 Mm^3.

N°6-Stora Enso, le Suédois, qui exploite en Europe dix-neuf scieries pour 4,9 Mm^3, talonné par l'entreprise tyrolienne Binder Holz, 2,9 Mm^3, qui a avalé Klenk Holz. Contrat d'achat signé le 28 septembre 2017.

Reprise des équarris sur le canter ''bois forts'' de Linck, scierie Betemps

[25] Classement repris dans Wood Markets Monthly qui publie chaque année la liste des plus grandes scieries du monde, le ''Billion Board Foot Club'' : source Holzkurier 26.04.2018.

Montée en puissance des bois collés

Il se confirme, outre-Rhin, que les bois collés (BLC, BMC, KVH, CLT) boostent leur croissance et surtout sont indissociables des grands groupes de sciage. En tête des producteurs, les Tyroliens sont en mesure de produire 715 000 m^3/an.

Revue de détail[26] :

N°1-Binder Holz-Fügen veut atteindre un volume de production de 270 000 m^3 d'ici 2020. Le groupe qui a racheté Klenk Holz afin d'étayer son volume de sciage, conformément aux attentes du marché investit continuellement dans la seconde transformation : bois massif contrecollé. Pour appuyer son développement, Binder Holz emploie soixante-dix ingénieurs à Hallein. L'idée est de vendre les éléments en bois ainsi que la technique de construction qui y est associée.

N°2-Stora Enso sera à parts égales avec le leader Binder Holz d'ici 2020. La capacité prévue sera de 260 000 m^3 de CLT en 2020.

N°3 **:** KLH-Massivholz prévoit 210 000 m^3 d'ici 2020.

N°4 **:** Hasslacher Norica Timber prévoit à court terme 120 000 m^3 de bois abouté et de BMC

N°5 et N°6 : Deux nouveaux venus dans la production de BMC. les projets portés par Legal & Général et Pfeifer Holz se situeraient autour des 100 000 m^3/an.

N°7 : En projet le scieur Pfeifer Holz[27] à Schlitz qui projette un investissement de 30 millions d'euros pour une production de 100 000 m^3 de BMC.

Les autres :

Dans le panorama de l'évolution des bois collés, il convient d'ajouter le contrat signé en février 2018 entre le groupe Mayr-Melnhof Holz[28] et le groupe Hütteman. Le scieur autrichien devient ainsi le leader de l'offre européenne de bois lamellé-collé.

---

[26] Holzkurier.com 11.01.2018.

[27] 3 scieries pour 1 900 000 m^3 de sciages en 2016 : source Holzkurier.

[28] 5 scieries pour 1750 000 m^3 de sciages en 2016 : source Holzkurier.

Des entreprises finlandaises et suédoises et plusieurs autres industries du bois scandinaves ont lancé des études de faisabilité.

En France, Monnet-Sève, le leader[29] du sciage français s'est doté d'une deuxième presse lui permettant de faire passer ses volumes de PLX, panneau lamellé-croisé, 2500 à 5000 m^3/an, très loin cependant, des poids lourds germaniques.

Le groupe Schilliger qui exploite la scierie éponyme en Alsace s'est aussi doté en 2016 d'une ligne de production de PMC (Panneau Multipli de Construction)[30], une production annoncée de 5000 m^3/an. Le scieur vendéen Piveteau entre à son tour dans la production du CLT en 2018 et annonce la volonté d'en produire 50 000 m^3 en 2020, mais restera un acteur moyen au plan européen[31].

À noter également dans la cour des petits producteurs, l'arrivée du Belge Stabilame[32] qui a démarré en octobre 2017 deux lignes de production de CLT collé de 12 m. Investissement de 10 millions d'euros. Capacités de production de 10 000 m^3. La marque belge s'est vue décerner, ce printemps, le deuxième prix des Fibres d'or pour son ''CLT courbe'' qui ouvre de nouvelles perspectives architecturales pour les bâtiments bois.

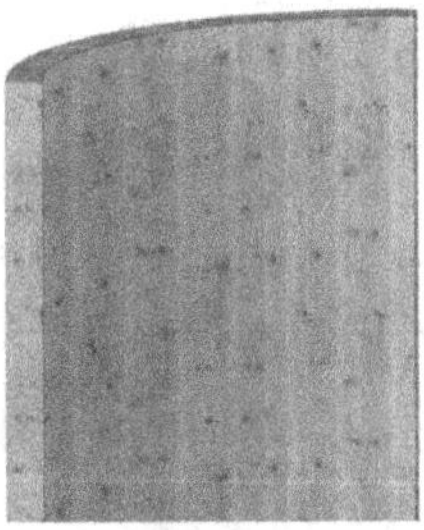

Le CLT courbe de Stabilame qui permet d'ouvrir de nouvelles possibilités architecturales

---

[29] 4 scieries pour plus de 450 000 m^3 de sciages.

[30] http://www.schilliger.fr/actualites/.

[31] Les chiffres estimés pour 2018 par l'UICB/CLT France sont de 10 000 m^3 de production (+ 400 % par rapport à 2016) pour une consommation de 40 000 m^3 (plus de 30 % par rapport à 2016).

[32] Fabricant-constructeur de structures bois basé à Marienbourg et appartenant au groupe Riche.

En conclusion, le Top 15 des plus grandes entreprises européennes devrait enregistrer une hausse de production de 263 % de 2016 à 2020 en passant de 599 000 m^3 à 1,6 Mm^3. Si l'on tient compte des entreprises qui produisent moins de 15 000 m^3/an, le total européen de bois collé devrait monter à 1,8 Mm^3 d'ici 2020.

Sur ces produits les USA semblent en retard. On parle de 200 000 m^3 de BMC nord-américain, mais le chiffre devrait doubler d'ici deux ans, au vu des nouvelles usines qui ont fermement été annoncées.

L'arrivée en production des unités petites ou grandes de bois collé sous toutes ses formes risque de provoquer des déséquilibres entre l'offre et la demande : la « guerre des prix » sera rude, surtout pour les petits producteurs et les derniers entrés dans la danse, les Français en particulier !

Cela dit, lorsque le président de la FNB, Philippe Siat, le scieur alsacien, parle[33] « d'une montée en puissance des bois collés qui risque à l'avenir de vraiment concurrencer le bois massif », bon nombre de propriétaires semblent douter de ce constat, eux qui ont beaucoup de mal à écouler leurs gros et très gros bois résineux dirigés traditionnellement vers les sciages massifs. Sous-entendu les scieries industrielles ont besoin de bois moyens…

Au final, on comprend bien l'intérêt de suivre de près l'évolution des bois techniques, en particulier le CLT[34] qui, il est vrai est une réponse de plus en plus adaptée à la construction moderne : toiture préfabriquée, plancher, construction en hauteur, extension, MOB…

---

33 Conférence Euroforest 2018 sur le thème « Renouvellement de la forêt française ».

34 Selon Le Moniteur, la consommation annuelle de 30 000 m^3 en France en 2016 aurait dépassé les 40 000 m^3 en 2017. La direction de Binderholz revendique une progression de 80% par rapport à l'année 2016 dans l'hexagone.

LE CAS PARTICULIER DE LA FORÊT ET DE LA SCIERIE SUISSE

Ce chapitre dresse l'état de la scierie suisse Une analyse s'appuyant en partie sur le rapport annuel produit par l'industrie du bois suisse[35].

Alors que le potentiel d'exploitation du bois est de plus de 8 Mm^3, 4,5 Mm^3 seulement sont récoltés et moins de 2 Mm^3 sont transformés dans les scieries suisses (voir graphique ''Transformation du bois dans les scieries suisses, en 2016'').

Selon l'industrie du bois suisse, de 700 scieries en 1991, le nombre a chuté à un peu moins de 300, soit une diminution de près de la moitié des unités en 25 ans. Un constat qui n'est pas sans rappeler les chiffres français qui sont passés de 3300 scieries en 1995 à quelque 1500 scieries en 2015…

Sans en connaître la part chiffrée exacte, on sait que les scieries françaises du Jura, du Doubs et Haut-Doubs s'approvisionnent en bois ''d'origine suisse'', avec bonheur par ailleurs, puisque les scieurs frontaliers conviennent que les bois sont bien mieux triés qu'en France et que l'on achète en Suisse avant tout une qualité convenue.

Selon Raymond Bertin, directeur de Jurasciages rencontré en juillet 2017 à Orchamps-Vennes, situé au nord du massif forestier du Jura « en Suisse, les grumes sont purgées. On ne rentre que du ''bon bois''. On paie plus cher, mais au moins la matière est sans surprise. En Suisse, il existe une véritable politique du triage. Un exemple à suivre ».

Pour Raymond Bertin, scieur au nord du Jura, « la matière suisse est sans surprise »

---

[35]Rapport annuel 2017, sorti en juin 2018. Source : http://www.holz-bois.ch/fr/association/publications/.

La crise financière des années 2007-2008 et la forte appréciation du franc suisse en 2015 ont gravement accentué la pression sur les scieries helvétiques. Malgré cela et selon Thomas Lädrach, le président de l'industrie du bois suisse, « le milieu du sciage a réussi à stabiliser et même de nouveau à légèrement augmenter les volumes de sciages ».

L'évolution s'explique par une demande en augmentation du bois suisse grâce aux activités de la branche dans le domaine de la publicité et de la communication. Les atouts, durabilité, provenance du bois et séquestration du CO_2 dans les produits bois, sont enfin reconnus. Cette reconnaissance est le fruit de campagnes marketing qui se sont professionnalisées et imaginées sur le long terme. L'industrie suisse du bois reconnaît aussi que l'environnement économique est bien plus positif et surtout qu'il y a une bonne conjoncture du bâtiment. Elle souligne aussi les parts de marché croissantes que prennent les matériaux de construction à partir de bois technique.

Tout en déplorant la faiblesse des investissements, la branche reconnaît par la voix de son président « que c'est uniquement avec des scieries rentables et une filière de transformation intacte qu'il sera aussi possible de mettre à profit l'environnement positif ».

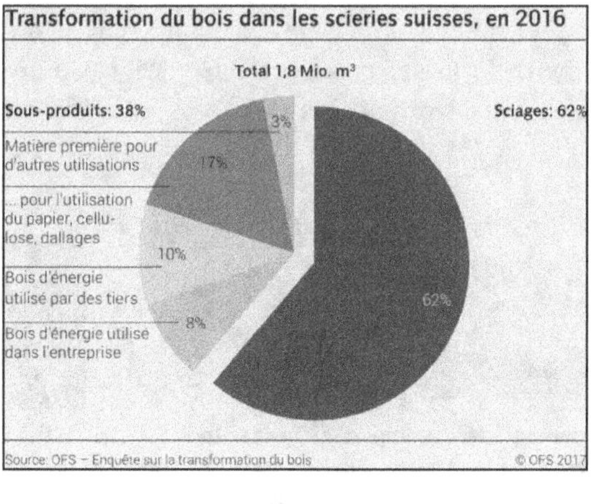

La transmission de savoir n'est pas oubliée, et pour l'association professionnelle un grand défi est à relever dans la formation professionnelle.

Une révision totale, en effet, du plan de formation de la profession « scieurs-scieuses industrie du bois CFC » est engagée. La relève doit être assurée.

Pour le président : « les connaissances de nos professionnels à l'interface entre l'arbre et le produit fini doivent continuer à être préservées, entretenues et approfondies ».
Il insiste sur le fait que « les efforts de tous réussiront à renouer avec une hausse généralisée de l'exploitation du bois. La première transformation devra jouer un rôle central dans la filière de valeur ajoutée ».

En conclusion, autant de signaux positifs que pourraient s'attribuer aussi les scieurs français. Le marketing, par le biais de campagnes diligentées par France Bois Forêt, la reprise du bâtiment qui se confirme avec, en 2018, un chiffre prévisible de 470 000 mises en chantier. Les investissements plus actifs en France avec de nombreuses scieries en restructuration, mais avec un peu moins d'attention pour leurs centres de formation et le renouvellement des compétences.

On peut déplorer après la fermeture, il y a quelques années, de la formation scierie de l'École du bois de Mouchard, la fermeture dès la rentrée de septembre 2018 de celle du CFA des MFR de Lamure-sur-Azergues, sans parler du projet de démantèlement de la scierie-école du lycée Haroun Tazieff de Saint-Paul-lès-Dax, fort utile aux élèves en formation scierie-affûtage du CFA des industries du bois de Seyresse.

Démantèlement de l'atelier d'affûtage du CFA des MFR de Lamure-sur-Azergues en septembre 2018 : 46 ans après le lancement de la formation scierie au cœur du Beaujolais

LA FORÊT SUISSE DANS LA TOURMENTE
Source : Le mensuel suisse de la forêt et du bois La Forêt août 2018

Le 3 janvier 2018, la tempête Eleanor a jeté à terre 1,3 million de mètres cubes de bois en Suisse, soit le quart de la récolte annuelle et un dixième des dégâts de l'ouragan Lothar. Six mois après, les parcs à grumes des scieries sont pleins en bois frais, mais aussi en chablis jusqu'à l'automne, voire jusqu'à l'hiver.

Heureusement les scieries suisses ''tournent à plein régime'' et profitent de l'entrain de la construction.

Cela dit, il reste encore des chablis à exploiter. Les bois bostrychés doivent être façonnés et écorcés, ou évacués sans délai de la forêt. À la fin de l'automne 2018 , c'est déjà presque fini dans les forêts bernoises (470 000 m^3 couchés), puisque 80-90 % des chablis ont été évacués. Des subventions seront versées aux propriétaires forestiers pour permettre et encourager les travaux de remise en état et la vente du bois.

En Suisse, 1,3 million de m^3 au sol après le passage de la tempête Éleanor le 3 janvier 2018.
Source : Forêt Suisse, Urs Wehrlij

L'APPROVISIONNEMENT DES SCIERIES DE FEUILLUS EN QUESTION !

Inquiétude sur les approvisionnements feuillus

Comment pour les scieurs de feuillus prévoir l'avenir en termes d'investissements et de croissance de volumes avec autant d'incertitudes sur les volumes offerts, en particulier pour le chêne ? Inquiétude réelle ou injustifiée surtout lorsque les experts affirment que la 3ème forêt d'Europe et ses 16 millions d'hectares possède un gros potentiel avec les deux tiers de sa surface plantée en feuillus !

Peut-être seulement un problème de gestion de la mobilisation et d'un manque de dialogue entre producteurs et transformateurs ?

Retour de la croissance dans le feuillu, mais des inquiétudes sur les approvisionnements.

Alors que les marchés des sciages feuillus sont porteurs et que la transformation bat son plein dans les scieries françaises, la polémique enfle au sujet des approvisionnements. Première préoccupation relevée chez une douzaine de scieurs de feuillus dans une enquête parue dans ce journal en juin 2017[36].

Afin de mobiliser son volume, en effet, chaque scieur doit battre la campagne et s'en aller toujours plus loin de son site de transformation. La « faim de bois » est même tellement vive que les industriels sont contraints d'enlever les petits lots traditionnellement destinés aux artisans scieurs. Un équilibre menacé, dénoncé par les acteurs eux-mêmes, mais un constat que ne semblent pas partager ou dont ne sont pas assez conscients les détenteurs de la ressource.

Y a-t-il rétention de matière dans le but de faire grimper artificiellement les prix ? Ou bien, tout simplement la baisse des volumes mis sur le marché est-elle due à un manque de matière correspondant aux desiderata des utilisateurs[37] ?

---

[36] « Quel avenir pour les scieries de feuillus ? 2ème partie ». La forêt privée. N° 355. Juin 2017.

[37] Le volume de bois d'œuvre de chêne commercialisé chaque année, selon Agreste et l'enquête de branche EAB, est en diminution de 500 000 m^3 entre 2005 et 2015, un volume qui s'établit actuellement autour de 2 ,2 Mm^3, (pour mémoire 3,120 Mm^3 en 1990) commercialisés pour moitié par l'ONF et pour

C'est en tout cas ce que pensent de nombreux scieurs qui constatent, impuissants, le recul, année après année, des volumes mis en vente. Selon David Chavot, directeur de la scierie Margaritelli à Fontaines en Saône-et-Loire, qui transforme quelque 50 000 m^3 de feuillus, dont 90 % de chêne et 10 % de frêne « la meilleure preuve que ce ne sont pas les cours du chêne pratiqués actuellement qui sont un frein à sa mise en marché, mais bel et bien l'insuffisance de volume mobilisé! »

Et pourtant, les expertises de l'IFN sont rassurantes. Le réservoir de matière est bien là avec un volume sur pied, hors peupleraies, de 1648 Mm^3 de bois fort pour les feuillus (59 %), et 937 Mm^3 (41 %) pour les résineux.

Les experts l'affirment et le véhiculent jusque dans les grands médias. Faisant passer les transformateurs pour des professionnels bien timides quant à leurs capacités à utiliser une matière première selon eux disponible en abondance dans la troisième forêt d'Europe. Qui a tort ? Qui a raison ?

L'approvisionnement des scieries de feuillus, un problème récurrent depuis plusieurs années !

---

moitié par les opérateurs de la forêt privée : coopératives, experts forestiers, scieurs, exploitants et gré à gré avec les propriétaires.

Impossible de trancher, tant chacun campe sur ses positions et se renvoie la balle. Mais en temps t, les transformateurs ont besoin de savoir où se dirige la mobilisation des grumes de feuillus et en particulier celles de chêne.

Selon David Chavot « les marchés du sciage sont porteurs, mais il manque du bois à l'entrée de la scierie. Qu'en sera-t-il demain ? Nous sommes sérieusement préoccupés par cette problématique. Cela fait 20 ans que l'on se pose la question. Pendant ce temps on nous montre du doigt en nous accusant, nous scieurs, d'être les principaux responsables du déficit de la balance commerciale, par manque de compétitivité et pour l'insuffisance de la transformation. »

David Chavot, le directeur de la scierie Margaritelli à Chagny, Saône-et-Loire. Scierie consommant quelque 50 000 m^3 de grumes de chêne.

Sauf qu'aujourd'hui la scierie de feuillus française a le vent en poupe. Les marchés sont là et la scierie nationale pourrait même à moyen terme reprendre sa place de leader dans la transformation du feuillu en Europe[38], à condition bien sûr que la matière première sorte de la forêt !

Sauf qu'aujourd'hui aussi les scieries de feuillus sont entrées dans un cycle de modernisation espéré depuis longtemps. La scierie Margaritelli, par exemple, mais on pourrait en citer d'autres, en est l'illustration avec l'installation

[38] Place occupée par la Roumanie depuis plusieurs années avec un volume de sciage de 1,7 Mm^3 en 2014, lorsque la France a produit 1,3 Mm^3 (pour mémoire 3,6 Mm^3 en 1970 et 2,7 Mm^3 en 2000) (source Agreste et FAO).

pour 1 million d'euros de cellules de séchage et d'étuvage, sans parler de sa ligne de sciage pour lamelles minces destinées au parquet contrecollé, renouvelée et mise au point en 2012. Il convient aussi de citer le matériel de sciage visible à la Ligna d'Hanovre en mai dernier, destiné pour l'essentiel à des scieurs de feuillus.

L'IFN remis en question

Selon David Chavot « on donne trop de crédit à l'Inventaire forestier national. Il y a désaccord sur les méthodes d'évaluation, les critères de filtre utilisés, et la frontière entre ce que l'on appelle le bois d'œuvre et le bois d'industrie ou pour l'énergie. Une simple modification de la hauteur moyenne des peuplements ou bien des diamètres minimum considérés pour le bois d'œuvre, conduit à des variations très importantes du volume total de chêne disponible pour la scierie ».

Au bout du compte la fiabilité de l'inventaire est mise en cause. En résumé, les volumes annoncés et ceux mis en marché ne sont pas en adéquation. Il manque du bois. L'exemple de la Bourgogne l'illustre. Chaque année le volume baisse : 30 % du volume de bois d'œuvre en moins a été mis en vente par l'Office national des forêts entre 2012 et 2017 !

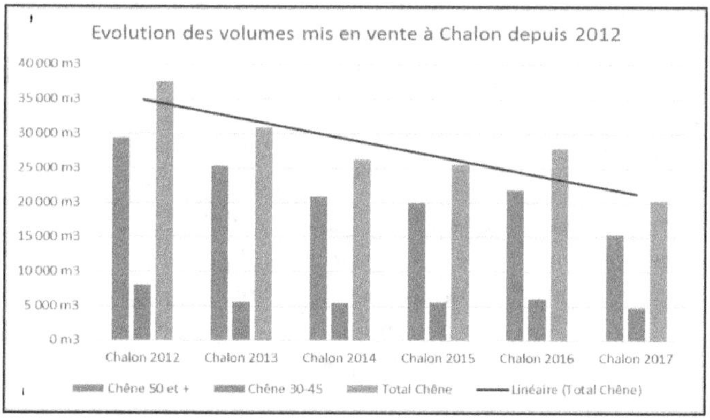

Volumes martelés de chêne 30 et + en Bourgogne sur la période 2012-2017 : Source ONF

« Le comble, c'est que nous avons les marchés du sciage. Nous avons même montré notre capacité, dans un contexte porteur, à répercuter les hausses du prix d'achat de la matière première, soit 50 % sur le chêne en 3 ans et 100 % depuis 2009 », selon David Chavot, nous les assumons, mais en contrepartie où sont les volumes de grumes ? Les instances forestières parlent d'un prélèvement du chêne en très léger recul pour le domaine public et en augmentation dans le domaine privé, pour une modeste progression du volume total de l'ordre de 5 %. Progression absolument insuffisante pour répondre à la demande des marchés actuels »

Un besoin impérieux de visibilité

En conclusion, les transformateurs qui ont un besoin impérieux de visibilité afin d'asseoir leur plan d'action à venir souhaitent non seulement une évaluation de la disponibilité de la ressource, mais une meilleure anticipation de l'offre réelle, par les grands opérateurs.

Yves Poss, fort d'une carrière passée dans l'administration forestière, plutôt que de surenchérir sur la problématique soulevée par les scieurs, suggère que « dans chaque région les scieurs réclament une présentation des méthodes de l'inventaire et engagent un débat sur la disponibilité (souvent confondue avec l'offre) technico-économique ».

Pour David Chavot, « il y a urgence d'une expertise fiable, indiscutable, partagée par l'ensemble de la filière et arbitrée il va de soi par le Ministère de l'Agriculture ». Une attente confirmée par Hervé Pépin, scieur de chêne à Saint-Nizier-le-Bouchoux dans l'Ain « les producteurs attendent des chiffres avérés quant à la disponibilité de la ressource à prélever dans l'avenir. Ce manque de fiabilité donne une image approximative, alors qu'il conviendrait de montrer une vision carrée. Les investissements sont répartis dans les scieries de chêne, mais comment être serein pour investir alors que le chômage technique par manque de bois a touché certaines scieries, ces deux dernières années. Il n'en demeure pas moins que l'export des grumes de chêne et l'envolée des prix mettent de plus en plus en difficulté l'équilibre économique des scieries : c'est extrêmement inquiétant ! ».

Pour Luc Bouvarel, directeur de Fransylva, « il faut faire évoluer l'inventaire, mais surtout engager des actions entre producteurs et transformateurs afin de sauvegarder et d'améliorer la transformation du bois ».

Quant au besoin de davantage mobiliser du feuillu en direction des scieries, Lionel Pict, directeur de Coforêt, dit avoir inscrit dans la stratégie de Coforêt « un accroissement de l'activité de récolte de bois feuillus ».

En tout cas, peut-on espérer que se mette en place enfin une mobilisation des grumes conséquente qui bascule d'une « économie de cueillette au fil de l'eau » vers une « économie de filière structurée » incluant l'exportation de produits transformés en lieu et place des grumes ?

L'optimisation du sciage, un outil en pointe depuis plus d'une décennie chez Margaritelli, un des plus gros scieurs de feuillus de France

LEVER LES INCERTITUDES DE L'APPROVISIONNEMENT PAR UN RETOUR À LA CONFIANCE

Yves Poss, ingénieur général honoraire des ponts, des eaux et des forêts puis conseiller pour la forêt au PNR de Millevaches, répond aux questions.

De par votre carrière professionnelle, vous êtes l'un de ceux qui connaissent le mieux les arcanes de l'amont forestier. À ce titre, que pensez-vous de la problématique actuelle concernant le manque de fiabilité des inventaires forestiers dénoncé par les producteurs de sciages ?

Je pense que les scieurs ciblent mal leurs doléances, et font à cette occasion une erreur : l'inventaire forestier est un bon outil. Il mesure la surface de la forêt française, le stock sur pied et la production de bois, et, depuis peu, le prélèvement, à partir des souches exploitées depuis cinq ans. Il suit ainsi les évolutions.

À partir de ces données, avec l'aide de FCBA, et d'experts, il a pu calculer les « disponibilités brutes » des forêts métropolitaines, puis les « disponibilités technico-économiques », c'est-à-dire les volumes qui, dans les conditions techniques et économiques actuelles, pourraient être exploités chaque année, d'ici 2035. Avec deux hypothèses, soit un maintien de la sylviculture actuelle, soit une sylviculture plus dynamique.

Il annonce ainsi des possibilités de récolte accrue : ce disponible se manifeste par la croissance du volume stocké sur pied, en métropole, de plusieurs dizaines de millions de mètres cubes chaque année.

Je suggère que les scieurs réclament une présentation, dans chaque région, des méthodes de l'inventaire.

Il s'agit de mieux leur expliquer à quoi il peut être utile, et d'engager un débat sur les massifs où ces disponibilités technico-économiques ont été décelées, avec leurs caractéristiques en essences et dimensions : comment faire pour que ces disponibilités technico-économiques soient exploitées ?

Car l'inventaire est fiable, et le Ministère de l'Agriculture contrôle son activité, il valide ses résultats.

Mais alors où est le problème ?

Il est dans la confusion entre disponibilité et offre : cet abus de langage apparaît dans l'étude des disponibilités. Ces disponibilités existent, mais les scieurs ne connaissent, dans leur vie professionnelle, que l'offre, que les volumes présentés sur le marché. Et cette offre est l'expression des décisions des vendeurs, au sens très général : ce que l'inventaire ne peut pas mesurer.

Pour l'offre de bois sur pied, en forêt gérée par l'ONF, il peut s'agir d'une tendance générale de sylviculture, avec des prélèvements à l'hectare allégés : par exemple, la tendance à l'irrégularisation des forêts est loin d'être neutre sur l'approvisionnement en bois des industries[39]. Ou d'une volonté des collectivités propriétaires de maintenir des peuplements hors exploitation, peut-être de les affecter plus largement à l'affouage ?

Le propriétaire privé a une relation personnelle avec son patrimoine boisé, qui lui apporte du plaisir, un espace de liberté, de vie sauvage à la biodiversité maintenue : l'offre de bois ne peut guère se faire au détriment de cette composante personnelle. Une coupe sera mise en vente si elle est bonne pour l'avenir de la forêt[40], et si, dans la relation commerciale, le vendeur « s'y retrouve ».

En bois abattu, le bois d'œuvre n'est offert qu'après une opération de tri et de découpe, qui a un coût, et appelle des compétences. Avec les débouchés offerts par le bois énergie, certains lots peuvent partir en totalité à la trituration et aux chaudières, évitant cet examen de chaque tige. Le partage entre les grumes et les billons peut aussi prêter la part trop belle au bois de chauffage.

Ce que l'inventaire ne peut anticiper : il indique ce que pourraient devenir les tiges, mais ignore les choix qui seront faits lors de l'exploitation. La récolte totale annoncée par l'inventaire est voisine du résultat global des enquêtes auprès des acheteurs et des consommateurs (EAB et CEREN), alors qu'apparaît une dérive d'un volume qui part plutôt vers l'autoconsommation que vers les bancs de scie. Cela montre où partent certains bois qui auraient pu être destinés au banc de scie.

---

[39] Ministère de l'Agriculture, rapport conjoint IGF/CGAAER/CGEDD, le régime forestier mis en œuvre par l'ONF dans les forêts des collectivités, annexe 2, mai 2015, p. 37.

[40] Didolot François, Thomas Julie, Le propriétaire forestier, organisateur du territoire, in La Forêt privée, no 357 de septembre-octobre 2017, pp. 41-46.

Comment alors améliorer la situation ?

Des engagements, des objectifs de volume ont été pris. L'offre de bois frais constatée cette année pourrait être confrontée aux disponibilités technico-économiques et aux objectifs de vente de bois qui ont été annoncés. Le Ministère de l'Agriculture pourrait organiser des rencontres, au niveau régional, d'une part avec l'ONF pour un échange à propos de ces écarts dans les forêts domaniales et communales, et d'autre part avec le CRPF, les coopératives et les experts, pour la forêt des particuliers afin de comprendre d'où vient ce manque de bois.

La faiblesse de l'offre s'explique aussi par l'appréhension des propriétaires au bouleversement de leurs peuplements, à l'état du parterre de coupe, des dessertes et des tiges en réserve après l'enlèvement. Et également par la méfiance liée à de trop fréquentes déceptions commerciales. Ces réticences pour l'offre de bois pourraient être levées si, au niveau de leur entreprise, un plus grand nombre de scieurs décidait de rétablir une réputation positive, assurant la qualité du chantier d'exploitation, et sachant faire connaître leur rigueur dans les paiements.

La question est de retrouver la confiance des détenteurs de cette ressource, vendeurs réguliers ou occasionnels, pour conforter son approvisionnement.

Une évolution des modes de ventes pourrait aussi être envisagée.

Les professionnels seraient-ils trop timides ?

La position des scieurs de chêne est fondée : les acheteurs de bois « ne peuvent assurer les risques d'un développement que dans les limites autorisées par l'incertitude que crée l'irrégularité de l'offre, en volume et en qualité. Plus exactement ils ont besoin que cette incertitude soit levée[41] ». Et la responsabilité n'est pas à Bruxelles: au sein même de l'Union européenne, l'Autriche exploite près de 90 % de ses disponibilités en bois, et débite la totalité de ses grumes.

---

[41]Programme national forestier, 2006, répétant le rapport parlementaire de Dominique Juillot, « La filière bois française, - la compétitivité, enjeu du développement durable, rapport parlementaire », Paris, Ministère de l'Agriculture, de la Pêche et des Affaires rurales, juin 2003,104 p. (http://www.ladocumentationfrancaise.fr/rapports-publics/034000475/index.shtml).

Les rencontres des « programmes régionaux de la forêt et du bois » sont une occasion pour poser nettement le problème : les progrès sont possibles par des modifications des systèmes de mobilisation, ou des modes de relations entre acheteur, propriétaire, gestionnaire, entrepreneur de travaux forestiers. Il y a déjà eu des avancées : c'est un beau projet pour nos forêts !

CONSTRUIRE UN PARTENARIAT AU PLUS VITE

Luc Bouvarel, directeur de Fransylva (Forestiers privés de France) souhaite construire un vrai partenariat entre producteurs et transformateurs. Utopie ou objectif partagé ? Il s'en explique.

En mettant le curseur sur les insuffisances de l'inventaire forestier est-ce une bonne manière d'aborder le problème des approvisionnements feuillus, en particulier dans le chêne ?

Cessons de chercher des justifications qui ne semblent être que des faux-semblants. Pourquoi accuser l'inventaire forestier en jetant le doute sur les informations qu'il délivre à la filière pour justifier un problème d'approvisionnement ? Ne faut-il pas plutôt préciser ou faire évoluer la prise de ces informations ? « Ce n'est pas en cassant le thermomètre que l'on va régler des problèmes de température » diront certains !

Mais alors pourquoi les scieries de chêne ont-elles des problèmes d'approvisionnement ? Certaines sont même menacées de fermeture, voire de chômage technique à cause du manque de bois !

La cause est-elle due à un défaut d'approvisionnement ? À une disparition des marchés ? À une exportation des grumes vers d'autres pays ou continents ? À un défaut d'investissement à l'amont pour produire des bois de qualité ? À un défaut d'investissement à l'aval pour moderniser et optimiser la transformation ? À un défaut d'innovation, d'imagination pour concevoir des produits nouveaux répondant aux demandes des marchés ? Peut-être un mélange de tout cela ! Chacun et selon où il se situe dans la chaîne de production, a son idée et cherche à persuader les décideurs que la ou les raisons qu'il donne sont les bonnes ! Ce qui l'amène à proposer, voir imposer selon son poids une solution qui le sort temporairement de l'impasse dans laquelle il était ! Mais pour combien de temps ?

Comment alors sortir de l'impasse ?

Depuis maintenant quatre ans nous avions tenté de proposer d'avancer sur la contractualisation. Cela induisait des changements profonds dans la façon et la manière de conduire les relations commerciales entre producteurs et transformateurs. Nous en sommes à un stade où il va falloir agir, sinon le dilemme « je t'aime moi non plus » va nous conduire à une faillite généralisée.

Engageons des actions concrètes et pratiques entre scieurs volontaires et producteurs de bois afin de sauvegarder et d'améliorer les outils de transformation. Ce qui permettra un renouvellement économique des forêts, rassurant ainsi les propriétaires qui investissent et prennent de grands risques en terme économique.

COFORÊT VEUT DAVANTAGE S'INVESTIR DANS LE FEUILLU

Lionel Piet, directeur de la coopérative COFORET dans le Rhône, une des plus importantes coopératives françaises (700 000 m^3), explique comment sa coopérative pourrait dans un proche avenir mieux répondre aux besoins des scieurs de feuillus.

Êtes-vous sensible à la problématique « manque de bois » soulevée par les scieurs de feuillus ?

En tant qu'organisation de producteurs ancrée dans le territoire, nous avons pour ambition d'approvisionner les scieurs locaux. Grâce à la contractualisation et à l'anticipation des produits livrés, nous contribuons à la sécurisation des besoins de nos clients. Nous sommes donc sensibles au manque de bois qui s'exprime dans le secteur du feuillu par la demande d'un flux de livraison déterminé sur un laps de temps long.

Comment votre coopérative, davantage impliquée dans le résineux, pour des raisons historiques et de situation géographique, pourrait-elle plus s'impliquer dans la mobilisation et l'approvisionnement des scieries de feuillus ?

Il est vrai que notre territorialité en Auvergne Rhône-Alpes et en Bourgogne Franche-Comté est caractérisée par un des plus forts taux de résineux (65 % du volume sur pied contre 35 % en France). Cependant depuis 3 ans nous avons inscrit dans les stratégies de la coopérative l'accroissement de notre activité de récolte de bois feuillus. Pour ce faire nous avons recruté des techniciens et nous nous sommes dotés de compétences nouvelles. En tout cas nous avons bien conscience qu'il faut soutenir les transformateurs de feuillus.

Le sciage au ruban incontournable dans le chêne

''Rognage'' de la frise à parquet

RENAISSANCE DE LA SCIERIE DE FEUILLUS ?

Le problème de la scierie de feuillus française, en particulier celle qui transforme le chêne, accusée par les acteurs de l'amont (propriétaires forestiers) et ceux de l'aval (les utilisateurs de bois) « de ne pas être dans le coup », en terme productif, n'est peut-être pas là où on le pense. C'est-à-dire dans son outil de production qu'elle peine certes à faire évoluer, mais plus sûrement dans son approche de la conception même du métier ? Le scieur est-il plus exploitant forestier, valorisant avant tout le bois en grumes que producteur stricto sensu de produits propres à satisfaire les besoins de l'aval ?

Un secteur qui a perdu la moitié de son volume de sciage en trente ans

Brièvement, on peut rappeler que, en trente ans le secteur a perdu la moitié de son volume de sciages qui se situe aujourd'hui autour de 1,4 Mm^3 dont environ 500 000 m^3 de sciage de chêne[42]. Leader en Europe depuis toujours, le sciage feuillus français a perdu son hégémonie au début de la crise de 2009 au profit de la Roumanie, 1,6 Mm^3. Un volume, faut-il le rappeler, obtenu dans un contexte plus que contestable, eu égard aux coupes illicites des années 2000-2010[43].

Principales raisons évoquées par les scieurs, la fin du secteur meuble traditionnel (au profit du meuble en kit en bois reconstitué) et la régression des marchés de l'ouverture bois au profit du PVC et de l'aluminium, ainsi qu'une concurrence exacerbée sur le coût du travail en comparaison de ceux pratiqués en Asie et en Europe de l'Est.

En même temps, une enquête[44] de l'Observatoire du métier de la scierie, en 2016, auprès d'une quinzaine de producteurs de tailles différentes a révélé que les préoccupations des scieurs de feuillus sont axées plutôt sur l'approvisionnement difficile à assurer, le recrutement des

---

[42] « Quel avenir pour les scieries de feuillus ? 1ère partie » La forêt privée. Mars-avril 2017.

[43] « La forêt roumaine en péril ! » La forêt privée. Novembre-décembre 2013

[44] «Quel avenir pour les scieries de feuillus ? 2ème partie » La forêt privée. Mai-juin 2017.

compétences, la modernisation et l'amélioration de la productivité. Sans parler de la valorisation des produits et des services, de la transmission d'entreprise et de la communication marketing…

Préoccupations que certains qualifient même de « Réveil d'une belle endormie » ou d'une prise de conscience un peu tardive ! On pourrait le penser en lisant les termes aussi significatifs que modernisation, productivité, compétences, valorisation…

Début 2018, certains partenaires des scieries du secteur privé, syndicat des exploitants forestiers purs et syndicat des propriétaires privés, fournisseurs de grumes ont même malmené les scieurs de feuillus (principalement ceux du chêne) en leur reprochant principalement de ne pas être au point en termes de productivité, sous-entendu en manque de modernisation.

Deux points, selon eux, qui stimulent l'appétit exponentiel tant sur les volumes que dans les coûts, des acheteurs extérieurs et surtout le ''fuitage'' en direction de l'Asie, surtout dans le chêne…

Incompréhension, déchirement, messages improductifs en termes d'image. Tous les médias se sont engouffrés dans la brèche. Sans parler que certains producteurs exportant du bois brut en Asie ont parasité les débats en ne jouant pas le jeu d'une transformation UE pour les grumes issues du domaine public. Les quelque 50 000 m^3 de ''blocks'' exportés vers l'Asie par les scieurs n'ont pas non plus calmé les esprits.

L'investissement en scierie de feuillus souligné par la Banque de France

Grâce à un rapport[45] de la Banque de France, il est possible d'apporter la contradiction à ceux qui prétendent que le milieu de la transformation du feuillu n'investit pas ou pas assez !! Si le niveau d'investissement, en effet, a été bien plus faible que pour le secteur du résineux entre 2013 et 2016 (de 82 M€ à 93 M€), il monte en flèche à partir de 2016, dépassant même les investissements du secteur résineux, pour atteindre 179 M€ en 2017.

---

[45] Présenté à l'A.G de la Fédération Nationale du Bois en décembre 2019.

Progression à tempérer cependant, car seulement quatre entreprises ont engagé 50 % des investissements en 2017. La Banque de France signale aussi que le taux de fonds propres dans le secteur de la transformation feuillue est à un bon niveau, soit 48 %, alors qu'il n'est que de 39 % dans le secteur du résineux[46].

Des questions en suspens

Malgré les signaux positifs envoyés ces dernières années dans le secteur du feuillu, il n'est pas inutile de s'interroger sur les raisons d'investissements aussi tardifs... Certes, il y a eu la crise des marchés historiques (meuble, menuiseries portes et fenêtres, etc.), mais sans réellement que le milieu s'interroge, tout du moins collectivement ! Les acteurs ont continué à travailler au ''fil de l'eau'', en attendant le rebond d'activité. Un rebond qui est arrivé en 2013-14, plus tôt que dans la scierie de résineux où il a fallu attendre 2016-17. Beaucoup d'entreprises ont disparu aussi en mettant ces disparitions sur le dos de la crise et des approvisionnements en baisse de volume et hors de prix.

Le ''retard technologique'' irréversible, impactant la productivité et la rentabilité, ne serait pas le seul problème ? Sans omettre, non plus, celui de la transmission des entreprises qui a mis hors-jeu un bon nombre de producteurs !

Le problème est peut-être aussi à observer dans l'exercice même du métier. Un métier, en effet, davantage orienté vers l'amont de la scierie, c'est-à-dire les achats, l'exploitation et la revente de bois brut en direction de la méranderie, du tranchage et du commerce extérieur. Hypothèse, non validée par des chiffres extraits des statistiques Agreste, protégés par la confidentialité.

Une hypothèse par ailleurs soulevée dans le rapport ministériel de 2012[47] « Des scieurs français encore très tournés vers leurs achats de bois plus que vers la création de valeur ajoutée, la solution de ''la facilité'' consiste à envoyer des

---

[46] Le taux de fonds propres est de 44% pour les entreprises < à 250 salariés.

[47] « Meilleure valorisation de la ressource forestière sous forme de sciages » Claude Roy, Max Magrum et Yves Poss.

grumes en Chine » et aussi dans le rapport de FCBA de 2011[48] « La vente en bloc et sur pied des coupes de feuillus a détourné les scieurs de l'aval. La vente de coupes de feuillus, en effet, de différentes essences et qualités nécessite plus de technicité, et permet à la plupart des scieurs de faire du négoce de grumes. Dans bien des cas, le dirigeant s'est focalisé sur le ''bien acheter mes coupes'' plutôt que sur le ''bien vendre mes sciages''. Il en résulte un déficit important en matière de marketing, d'adaptation aux évolutions des marchés et de service au client ».

Jugement lapidaire, mais encore relayé par les syndicats (Exploitants purs et propriétaires privés) et même jusque sur les réseaux sociaux où les rares producteurs de feuillus qui communiquent sont observés de manière suspicieuse sur les lots qu'ils viennent d'acquérir. Les grumes vont-elles prendre le chemin de l'Asie ? En creux, c'est aussi manière de dire « les scieries nationales manquent de bois et pourtant l'export se poursuit[49] ! »

Pratique professionnelle remise en cause

Pour les producteurs de feuillus, notamment dans le chêne, commercer le bois brut est une ancienne habitude, héritée du temps des « marchands de bois ». À la nuance près qu'aujourd'hui la pratique a quasiment disparu chez les artisans et semi-industriels qui, comme dans les scieries de résineux, se fournissent directement auprès des coopératives et exploitants forestiers en volume et qualités souhaités. Sauf à mettre de côté une belle bille pour la méranderie, ce n'est plus du tout un axe stratégique.

Ce sont donc les plus grosses entreprises, disposant de moyens humains par l'intermédiaire des commis de coupe qui valorisent le mieux les plus belles qualités en direction des mérandiers ou du trancheur. Le ''restant'' étant ventilé vers une production de plots, de frises, d'avivés, ou encore de

[48] « Perspectives de valorisation de la ressource de bois d'œuvre feuillus en France » FCBA, 2011.

[49] 400 000 m^3 par an.

traverses SNCF ou encore de ''blocks'' à destination de l'export.

Un certain nombre revalorise le bois brut en allant sur la seconde transformation, séchage, usinage, et même vers la troisième transformation : parquet contrecollé, carrelet contrecollé, mais pas assez en termes de volume puisque des utilisateurs sont obligés de se fournir en bois d'importation. À ce titre, les petits producteurs, à leur niveau, ont mieux résisté à la concurrence en écoulant leur production en direct et sur des marchés de niche.

Il est à souligner que, faute de rentabilité, certains scieurs industriels ont arrêté leur production de parquet par exemple. Des lignes ont été mises en sommeil au plus fort de la crise, en attendant un réveil de la demande ou tout simplement revendues. Souvent aussi des séchoirs sont sous-exploités, voire plus du tout utilisés. Un constat navrant, alors que tous les scieurs de feuillus ou presque séchaient leurs produits. La preuve, et sans remonter très loin en arrière on observe dans les relevés Agreste issus des enquêtes annuelles de branche, EAB, que 238 000 m^3 étaient séchés en 2005 et que ce chiffre a été abaissé à 170 000 m^3 en 2015, soit 28 % de moins. On remarque aussi que c'est à partir de 2009 que la baisse s'est vraiment produite avec un résultat net de 173 000 m^3. À contrario, on constate que le séchage des produits résineux a enregistré un volume de 429 000 m^3 en 2005 et 744 000 en 2015, soit une augmentation de 73 %.

Une contraction à peine croyable pour le séchage des sciages feuillus alors que les acteurs de l'aval demandent expressément des produits stabilisés en hygrométrie et aussi plus élaborés en termes d'usinage.

Des produits, au final, prêts à l'emploi afin d'alimenter les chaînes de production des menuiseries industrielles par exemple. C'est le cas de Norbert Heritier, dirigeant de la menuiserie Philibert à Frans dans l'Ain[50]. Entreprise qui fabrique 5000 à 6000 menuiseries par an et qui utilise 10 à 15 % de feuillus, chêne et châtaignier « Nous avons une

---

[50] Rencontré au salon Eurobois 2018 dans le cadre des rencontres Bâti-journal. Vidéo visible sur http://chalayer-scierie.chez-alice.fr/.

problématique d'approvisionnement entre nous et les scieurs. Nous souhaitons du carrelet chêne et châtaignier, mais nous avons du mal à en trouver en local »

Si les scieurs ressentent la nécessité de réinvestir l'aval par davantage de revalorisation, ce sera d'autant plus possible si des partenariats se nouent entre eux et les utilisateurs.

Les interprofessions peuvent jouer le rôle d'interface et faciliter la mise en œuvre d'une chaîne de transformation comme celle engagée entre scieurs et utilisateurs de carrelet sur l'essence Chêne rouge présente dans l'Ain. « Surtout, comme le dit Norbert Heritier, il y a une tendance de fond à utiliser du bois local afin de satisfaire des demandes de clients, de plus en plus soucieux de la provenance et des territoires où poussent les bois. Une valorisation positive, en quelque sorte, du patrimoine ».

La scierie de feuillus du futur ressemblera de plus en plus à la scierie de résineux d'aujourd'hui. Les mêmes machines et les mêmes process avec pour finalités la productivité, l'automatisation et la sécurité

LA SCIERIE DU FUTUR DANS LE CHÊNE

L'Observatoire du métier de la scierie dans son étude « La scierie française et la production en 2009[51] » avait déjà relevé le principal changement qui s'était opéré dans les scieries de feuillus, principalement dans celles transformant le chêne. Des scieries complexes à organiser au regard du ''travail sur la matière'' beaucoup plus important que dans celui de la transformation du hêtre et du peuplier[52].

Le plus frappant, il y a une dizaine d'années, avait été de constater la quasi-suppression dans les grosses scieries de chêne, des célèbres EH 5, scie à ruban à déligner avec retour automatique pilotée par un opérateur, par des centres de reprise à base de scies circulaires. Révolution d'un sciage moins économe au trait de scie, mais plus productif et surtout pouvant être entièrement automatisé. Sans parler de l'arrivée des slabbers, bien après les scieries de résineux… La scierie de chêne avait entamé sa mutation en amont du plan de sciage, tout en gardant son système de ''rognage'', découpe de longueurs, des défauts planche à planche par un opérateur, souvent une opératrice. Chaîne de tri et système d'empilage n'ayant guère évolué depuis.

La complexité des produits imposant un tri manuel réalisé par des opérateurs confirmés.

L'avenir ? Davantage d'automatisation aussi bien sur le parc à grumes, poste de découpe et poste d'écorçage, au premier débit, où la scie à grumes, après les systèmes d'optimisation, est en train de se réinventer avec un chariot innovant capable d'être piloté par un automate sous surveillance d'un superviseur.

L'aval devrait aussi s'automatiser et l'évolution du scannage dans la reprise, la recoupe et le triage, devrait remplacer une main d'œuvre de plus en plus difficile à recruter. De tels changements seront applicables dans l'industrie du sciage, alors que le process de sciage dans l'artisanat restera plus simple et traditionnel afin de répondre aux petits marchés de proximité.

La cantérisation qui a déjà commencé avec les slabbers sur les scies à grumes et les fraises sur les centres de reprise pourrait encore se développer et il n'est pas impensable de voir apparaître pour

---

[51] L'Harmattan 2009.

[52] Celles débitant les deux autres essences phares, hêtre et peuplier, ont suivi les installations rencontrées dans le résineux : scie à grume, grosse déligneuse, triage et empilage, manuel ou automatisé.

la transformation des petits et moyens diamètres des canters-profileurs comme dans le sciage des résineux.

En résumé, la scierie de feuillus du futur pourrait ressembler comme une sœur à celle du résineux. Plan de sciage en ligne avec un équarrissage premier (scie à chariot ou sciage suspendu) puis reprise des blocks par une ligne de ruban. Blocks pouvant même venir d'une ou plusieurs autres scieries.

L'aval, de la découpe de longueur avec lecture par scannage des aubiers en parement et contre parement au tri et à l'empilage automatisé.

En amont, il n'est pas impensable de voir dans un avenir proche des systèmes de scannage, comme ceux déjà installés dans le résineux, de billes afin de caractériser le bois beaucoup plus finement qu'aujourd'hui, pour en déterminer les qualités avant d'en engager la transformation.

TROISIÈME PARTIE

Les progrès techniques au service de la scierie

CARACTÉRISATION DU BOIS ROND : UN ENJEU D'AVENIR

Ce chapitre fait le point sur le ''contrôle non destructif'', CND, en matière d'évaluation de la qualité du bois en amont du sciage. Depuis 2009, date du premier colloque[53] sur le sujet, c'est l'occasion en 2017 de mesurer les évolutions, en matière de caractérisation du bois rond.

Du rêve à la réalité...

Quel propriétaire n'a pas rêvé un jour de savoir exactement la valeur qualitative et financière de son bois ? Quel exploitant forestier n'a pas souhaité devant un lot à estimer « connaître l'intérieur du bois » avec à la clef des données précises et non aléatoires ? Quel scieur n'a pas voulu connaître précisément la qualité cachée de la bille qu'il va transformer plutôt que de la découvrir au fur et à mesure du sciage ?

Sujet plus que jamais d'actualité puisque la problématique « gros bois résineux »[54] révèle la nécessité de mieux appréhender les qualités de bois en vue de l'établissement des choix. Beaucoup, en effet, se plaignent d'acquérir une matière dont on ne sait presque rien à part ce qu'elle révèle en apparence !

Classement visuel des billes de résineux, en choix A, B, C, D, selon leur apparence visible sur les deux extrémités et sur la longueur des tronçons. Ici, chantier ONF à Faverges en mai 2016

---

[53] Colloque, ''contrôle non destructif et filière bois''. Le Bois International, 21 novembre 2009.

[54] « Le gros bois résineux, une ressource à redécouvrir ». Le Bois International du 3 et 10 décembre 2016.

La solution : une imagerie virtuelle, type scanner, utilisant des rayons X permettant un balayage circulaire du bois afin d'en déterminer la constitution interne : nodosité, fente, roulure, nœuds… Le milieu médical l'a adoptée depuis plus de trente ans, sans parler de l'industrie agroalimentaire capable de trier des œufs, par exemple, sur une chaîne de production. Pour le bois, nous n'en sommes qu'au début. Seule actuellement une poignée de scieurs industriels, dont un en France, utilisent le scannage[55], technologie développée par le fabricant italien Microtec avec son CT Log.

Pour évaluer la qualité du bois rond, la technologie des ultrasons, développée par le CBS-CBT[56], est aussi employée depuis plusieurs années avec son Sylvatest.

De la profilométrie à la tomodensitométrie

Il y a quinze ou vingt ans sont apparus les premiers systèmes de profilométrie, qui pouvaient contrôler le positionnement mécanique sur les bancs de sciage de manière à maximiser la valeur qu'on pouvait tirer d'une bille, et aussi à en déceler les défauts externes significatifs. Une technologie qui a constitué une première étape et qui s'est encore développée depuis. Par exemple les systèmes « Photogrume de MAUCHAMP » et « Profilométrie : optimisation automatique des billes selon SOVILOR ».

À présent, la technicité va au-delà en révélant les défauts plus subtils puisque dissimulés à l'intérieur du bois par le procédé tomodensitométrie. La démarche de recherche de qualité a été intégrée dans cette deuxième étape.

En 1955, l'imagination de L. J. Carr[57] dans « La sylviculture en l'an 2005 » entrevoyait déjà un système permettant « grâce à la télévision d'inspecter la partie extrême

---

[55] Terme employé par les Canadiens.

[56] Concept bois structure et Concept bois technologie : http://www.cbs-cbt.com/fr/technologie/.

[57] Président d'un comité d'études de la Western Line Association US. Dossier complet sur le site de l'Observatoire du métier de la scierie. http://chalayer-scierie.chez-alice.fr/.

de la bille et les rayons X permettront à l'opérateur d'en examiner l'intérieur ».

Cette évolution sans précédent ouvre aujourd'hui des perspectives très intéressantes quant à la rationalisation de la gestion du bois dès l'amont de la transformation.

L'idéal serait de « passer aux rayons X » l'arbre sur pied pour en déceler la qualité intrinsèque dès le début de la filière de transformation, mais pour le moment cette approche relève plus de la science-fiction que de la réalité...

Ce type d'outillage en situation fixe devrait se vulgariser dans les grosses entreprises. Alors, pourquoi ne pas imaginer un outil partagé dans les moyennes structures de sciage et au sein des coopératives forestières. Pour ces dernières, ce serait le moyen, enfin, de caractériser le bois sur des bases concrètes, scientifiques et non plus aléatoires fondées uniquement sur l'œil de l'expert forestier et sur son expérience. Un moyen, plus sûr, d'éviter les rebuts et l'insatisfaction des clients au moment de la transformation. Plus de transparence aussi dans les actes commerciaux avec la possibilité de fournir des documents de traçage... Un « contrat de confiance » enfin sérieusement établi entre fournisseur et transformateur. Que des avantages en somme, mais les acheteurs seront-ils prêts à rémunérer cette nouvelle forme de « garantie sur la matière » ?

Au final, une avancée sans précédent qui, certes, a un coût, mais qui pourrait apporter des gains de productivité. Les quelques scieurs industriels qui, à l'étranger comme en France, adoptent le scannage matériel de dernière génération l'ont bien compris.

Dès 1955, L. J. Carr suggérait l'utilisation des rayons X pour repérer les défauts dans les billes

LE SYSTÈME PHOTOGRUME de la société Mauchamp

Dans le but de sécuriser et d'améliorer la confiance entre acheteur et vendeur et dans le cadre des contrats d'approvisionnement ONF, la société Mauchamp a créé le système « Photogrume ». Demain, coopératives forestières et autres fournisseurs de bois en grume pourraient bien être intéressés par ce système novateur…

Pierre Mauchamp, le dirigeant de la société Mauchamp, explique le principe :

« Pour le moment, l'ONF et une scierie nationale utilisent le système Photogrume. Les deux partenaires passent ensemble un contrat d'approvisionnement.

Chaque grume issue d'une coupe qui arrive sur le parc de la scierie est mesurée, avec un cubeur agréé FCBA. Elle est photographiée par un système de vision high-tech et, pour les feuillus son n° de plaquette code barre ou RFID* est récupéré.

L'opérateur visualise les 2 faces de la grume sur sa tablette PC, saisit la longueur et affecte une qualité pour chaque billon de la grume.

Toutes ces infos vont mettre à jour une base de données de photos de grumes avec, incrustée sur chacune, la coupe de provenance, les données dimensionnelles de la grume et des billons ainsi que leur qualité.

À partir des billons des grumes qualifiés, la scierie va rémunérer l'ONF. En retour, l'ONF, qui a regard sur les grumes qualifiées, va pouvoir interroger la base photos et ainsi contrôler ce que l'opérateur a qualifié.

L'avantage principal du « système Photogrume » est une simplification du travail administratif en termes de suivi, de contrôle et de règlement des contrats. Cela assure une confiance totale entre les acteurs. »

*La définition de RFID est en français « identification par radio fréquence ». Les plaquettes RFID sont des plaquettes forestières spécialement conçues avec une antenne radio intégrée, lisibles par des lecteurs radio spéciaux. Les plaquettes RFID sont opérationnelles. Le système complet a été testé dans une scierie industrielle il y a plus de 2 ans. Lecture de plaquettes RFID (idem plaquettes forestières « normales », mais avec une antenne radio intégrée), fixées classiquement sur la culée des grumes, vitesse 100 m/mn, taux de lecture 100%.

PROFILOMÉTRIE : OPTIMISATION AUTOMATIQUE DES BILLES SELON SOVILOR

Selon Jean François Portala, le dirigeant de l'entreprise Sovilor « l'évolution de la technologie des caméras à temps de vol permet aujourd'hui d'utiliser cette technique dans l'industrie avec de multiples avantages. Ces caméras sont capables de prendre une « photo 3D » du champ qu'elles observent. Dans le cas du scanner d'alignement et d'optimisation sur chariot à grumes OPTILOG, la mesure est effectuée dès le griffage, ce qui permet de connaître instantanément la forme et la longueur du billon sans le déplacer, et ainsi de proposer des solutions d'optimisation plus rapides. De plus, cette technologie n'utilise pas de laser, dont la durée de vie est limitée à quelques années : ce qui réduit les coûts de maintenance. Cette technologie permet aussi la réalisation de systèmes de cubage statiques, ne nécessitant pas de déplacement longitudinal du billon.

Actuellement, 13 systèmes OPTILOG basés sur cette technologie ont été installés en France, dont 9 dans des scieries de feuillus.

Le système OPTILOG est compatible avec la plupart des divisions du marché, ce qui permet de l'installer aussi sur du matériel déjà existant, même sur des chariots mono-axe dont les griffes sont pilotables.

En plus des statistiques classiques de production et de productivité, SOVILOR propose une solution informatique reliant les bureaux, le chariot de découpe, la scie à grumes, et la préparation des colis. Cet outil permet de suivre précisément les commandes en temps réel. Chaque poste dispose d'un écran tactile sur lequel sont affichés les commandes en cours et le comptage des pièces réalisés aux différents postes.

Méthode qui permet de réagir rapidement pour compléter une commande ou au contraire, arrêter de fournir des bois si la commande est déjà complète, au niveau de la scie à grumes par exemple.

Implantation des caméras au-dessus de la bille

Poste de sciage avec l'écran d'optimisation

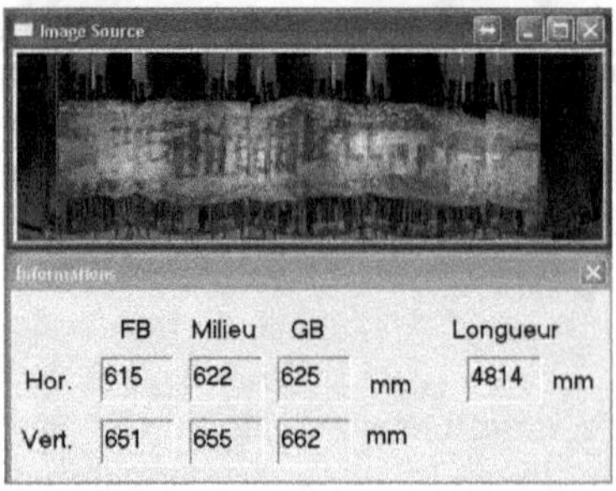

Image du billon vue par les caméras et inscription des dimensions, diamètres et longueurs

LE CND, SELON J.LUC SANDOZ

Jean-Luc Sandoz, vous êtes un expert bois dans le domaine de la construction et vous connaissez très bien les problématiques liées au bois, pourquoi, selon vous, l'emploi de systèmes de caractérisation par CND ne se vulgarisent-ils pas ?

La caractérisation mécanique est un concept inventé par les ingénieurs, pour avoir des outils de calcul fiabilisés et permettre le dimensionnement des structures bois avec plus de précision. La haute performance mécanique au-delà de C30 nécessite un outil de CND et la plupart des scieries pensent que ce n'est pas nécessaire, parce que le bois disponible n'est pas en haute performance, mais entre C18 et C24. C'est une erreur d'appréciation. Il existe une forte qualité C30 et plus en ressource résineuse, sous-exploitée.

Beaucoup se plaignent de ne pas connaître "la qualité intérieure" du bois d'après des données sûres et approuvées, et pourtant peu emploient des systèmes tels que le Sylvatest, connu déjà depuis plus de 20 ans ?

Depuis 10 ans, nous sommes en crise grave avec la crise globale et financière qui a débuté en 2007-2008. Chaque entreprise essaie donc de survivre avant d'investir. Et l'arrivée du marquage CE qui devait modifier la gestion qualité a tourné court, en généralisant le C18- C24 et C30 visuel. Du coup, on peut penser que ça va très bien comme ça, alors que des gains de compétitivité pourraient être obtenus avec une gestion de la qualité mécanique par CND. C'est une chance non utilisée ou un potentiel qui dort.

L'évaluation aléatoire des qualités a-t-elle encore de beaux jours devant lui ?

Probablement, parce que cela fonctionne aujourd'hui au niveau de la première transformation et c'est la deuxième transformation qui prend en compte la gestion qualité mécanique. Pour optimiser, les constructeurs développent des « Avis techniques » (protocole interne à l'entreprise pour atteindre un résultat supérieur) permettant de travailler en haute performance. Les systèmes structurels de planchers et fermes de grande portée de notre groupe CBS-Lifteam sont quasiment tous déclinés en haute performance, grâce à une confirmation de la qualité en interne.

Le premier salon des innovations forestières "Forestinnov" a eu lieu dernièrement en Bourgogne et pourtant pas un exposant n'était présent sur le domaine du contrôle non destructif (CND) du bois! Cela donne-t-il à penser que le CND intéresse peu de monde ?

Le CND n'est pas prioritaire pour la première transformation. La priorité est au développement technologique des produits, voire l'exemple du CLT. Mais le CND est de plus en plus présent en deuxième transformation (constructeurs) et chez les ingénieurs (contrôle, maintenance, expertises, etc).

Que faudrait-il faire selon vous pour qu'enfin le CND s'applique massivement ?

L'exemple du CND dans le domaine du contrôle des poteaux télégraphiques montre qu'il a fait ses preuves...

Nous commercialisons une expertise des poteaux bois supports de ligne de type électrique ou télécom avec notre ligne Luxpole. À partir du test ultrason Sylvatest-Trio, le poteau est classé en trois familles et reçoit un label de performances mécaniques :

1- En rouge, label S pour Small, le poteau est trop faible pour rentrer dans le réseau des structures supports de câbles (environ 3-5 % de poteaux sont ainsi filtrés à l'origine, pour ne pas avoir à les changer sous 2-3 ans).

2- En vert, le label L, qui correspond au produit poteau classique (confirmation de la qualité moyenne).

3- En bleu, le label XL, avec un *bonus* structurel, qui permet au poteau de supporter 20 % de charges en plus (augmentation de la distance entre 2 poteaux de 20 %). Ce poteau est par ailleurs garanti 15 ans une fois mis en place, parce qu'une qualité mécanique supérieure veut dire une densité supérieure, qui veut dire une durabilité augmentée.

Cette prestation se développe au niveau mondial avec des contrôles et expertises en France, Finlande, Allemagne, Suisse, Autriche, Canada, etc.. Ce concept fait la démonstration de la valorisation de la qualité mécanique du bois rond par l'expertise et le CND.

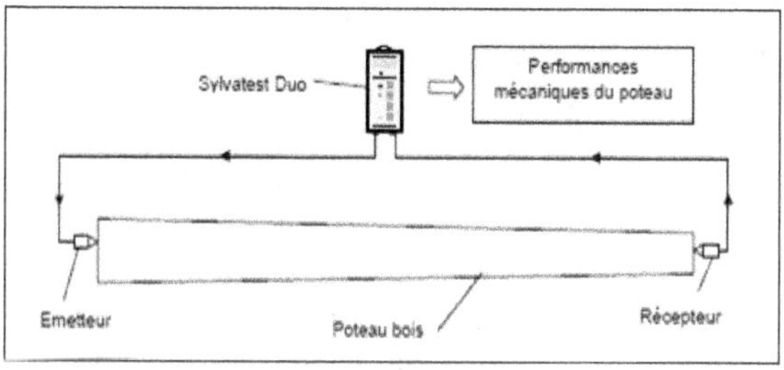

Schéma de mesure d'un poteau bois avec le test aux ultrasons pour son classement de performance mécanique

LA TECHNOLOGIE DES ULTRASONS dans le CND

Jean-Luc Sandoz de CBS-CBT fait le point sur les technologies employées en matière de Contrôle non destructif du bois et des matériels développés par sa société : la technologie ultrason associé au développement du Sylvatest 3e génération, le Sylvatest-trio.

« Le Sylvatest-trio permet l'évaluation et le classement mécanique du bois selon la norme EN338. Cette technologie est homologuée en Europe pour le marquage CE. Son principe est simple : il s'agit de mesurer la vitesse des ultrasons dans le bois. Plus c'est rapide, autour de 6 km/s, plus le bois est de bonne qualité mécanique, de type C40 – C45.

En dessous de 5 km/s, la qualité reste au niveau C18. Pour l'industrie, les ingénieurs de CBS-CBT ont développé la Triomatic, machine en ligne capable de mesurer des produits de sciage automatiquement, avant de les marquer CE. Quasiment tous les résineux d'Europe sont homologués pour être classés avec cet outil.

Mais avant sciage, la même technologie peut être déclinée avec la Logamatic, une machine qui mesure la qualité du billon pour informer le scieur de tête du potentiel mécanique du bois encore rond. Cette information, couplée aux besoins du carnet de commandes, permet de scier le meilleur bois pour les clients et des produits demandant la meilleure qualité mécanique. Le principe reste le même : piquer de bout en bout le billon, et mesurer la vitesse ultrason. Ainsi, les meilleurs bois sont identifiés avant sciage pour en faire une valorisation qualitative optimale.

Dans plus de 80 % des cas, le classement mécanique du billon sera confirmé sur les sciages. Du coup, les rendements de haute performance mécanique augmentent rapidement grâce à cette information trouvée en amont du sciage.

À partir de ces mesures en ligne, l'information est ensuite traitée au niveau statistique pour donner des visualisations de l'image qualitative de la ressource, selon les critères souhaités, par exemple, par placette forestière, par massif, par essence, par classe visuelle ou encore par diamètre. L'utilisation industrielle de ces technologies non destructives permet ainsi d'augmenter la connaissance sur la ressource. »

LE SCANNAGE MICROTEC : La technologie de demain

Iffrig Fabien, Manager de Projets chez Microtec, l'entreprise italienne la plus en pointe sur le sujet, explique le concept du scannage développé par sa société.

« La caractérisation du bois est un sujet majeur pour notre société. Nous avons démarré en 1995 la commercialisation du scanner à Rayons X Goldeneye pour les produits finis. À cela, nous avons rajouté le Viscan pour l'analyse vibratoire par laser interféromètre. À ce jour, nous disposons d'une des plus grandes bases de données sur le classement mécanique des bois européens et mondiaux. Avec nos scanners modulables Goldeneye, les clients ont la possibilité de choisir leur version : classement mécanique, classement visuel ou classement mécanique et visuel.

Parallèlement en ce qui concerne le domaine des bois ronds, nous avons développé notre système modulaire Logeye: Mesure 3D, Screenlog (Photos), Rayon X fixe, Viscan XL (analyse vibratoire), etc. Toutes ces données sont traitées par notre gestionnaire de Parc Winlog et optimisées par notre Interopt 3D pour billons et schémas de sciage.

La caractérisation du bois rond a démarré en 2007 avec le prototype CTLog installé à Fribourg au Centre de recherche sur le bois d'Allemagne (FVA). Avec cette technologie, nous détectons précisément les particularités telles que les fentes, les poches de résine, la pourriture, les différents types de nœuds, les essences, cernes de croissance, moelle, etc.

C'est ainsi qu'il a fallu concevoir ce produit pour une vitesse d'avance jusqu'à 180 m/mn. Il utilise la tomodensitométrie assistée par ordinateur. Une source Rayons X tourne autour du bois à plus de 3 tours/seconde et les ordinateurs reconstituent le bois en 3D en y intégrant les différentes particularités internes. De nombreuses innovations ont été réalisées sur le CTLog et le Directeur Général Federico Giudiceandrea fut primé plusieurs fois (Schweighofer Prize 2013 et Marcus Wallenberg Prize 2016).

Cette technologie permet de qualifier les bois ronds d'après des critères d'approvisionnement et de sciage. Les différents tests réalisés avec le CTLog ont démontré d'une part la faible correspondance entre la qualité visuelle par opérateur et la qualité réelle du bois et d'autre part, la grande précision de la détection automatique de la qualité du bois rond par le CTLog. »

IMAGES DU CTLog

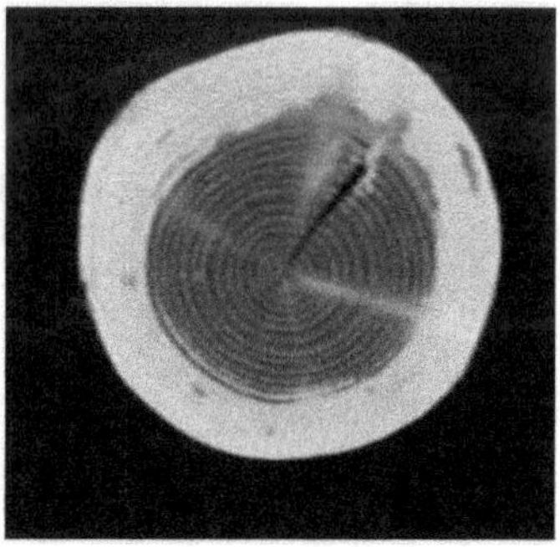

Fente

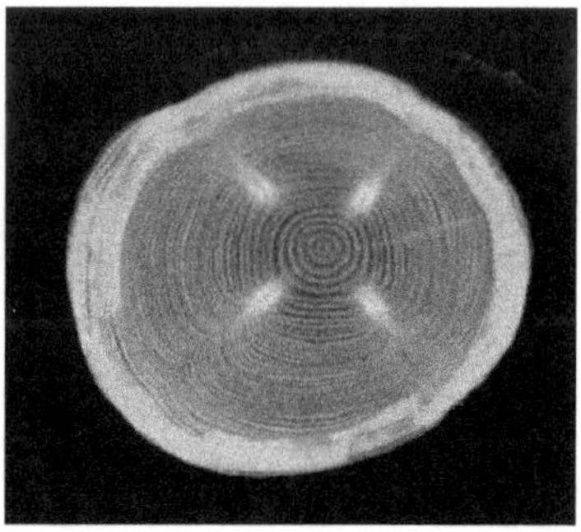

Nœuds

Vue des particularités internes du bois

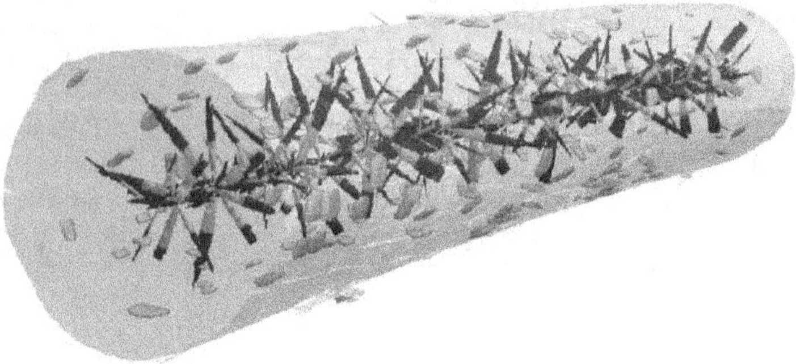

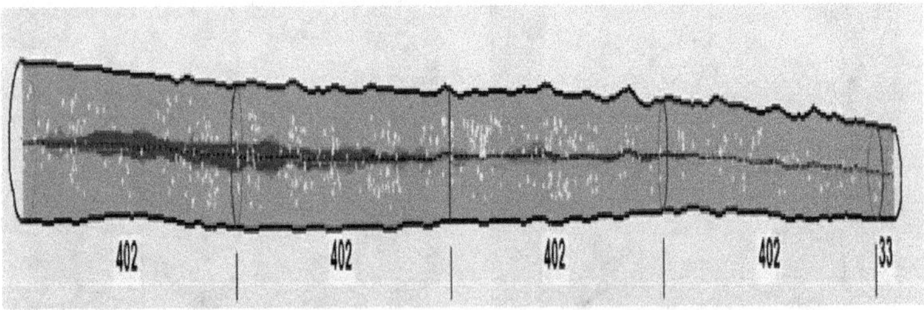

Reconstruction de la grume avec visualisation des particularités

LE PREMIER SCANNER DE BOIS ROND EN FRANCE, À LA SCIERIE SIAT BRAUN

Siat Braun à Urmatt, Alsace, a investi dans la tomodensitométrie, autrement dit dans le scannage du bois rond. Marc Siat, Directeur général de l'entreprise en 2017, en explique les principaux atouts :

« La scierie industrielle d'Urmatt, 375 000 m^3 annuels de sciages de résineux, utilise le scanner CT Log de Microtec depuis 2014. Siat Braun est le troisième client de Microtec à installer le CT Log, le premier en Europe, et le premier à le faire sur le métier de la charpente.

Ce scanner à rayons X passe les plus grandes grumes en Europe jusqu'à 18 mètres. Il évalue l'apparence, la qualité et la résistance du bois. Cela signifie que la tige devient transparente et que les vues en coupe peuvent être soigneusement optimisées.

Le scanner numérise en temps réel les caractéristiques internes à partir de la position de la moelle le long de la tige. Il identifie les aspects internes par exemple les poches de résines, fentes, nœuds sains, morts, pourriture, la dimension des bois et la densité de la matière. Ce sont des renseignements très utiles pour la découpe et le sciage.

Toutes les informations extraites par le scanner sont envoyées à Interopt, le logiciel d'optimisation.

Le convoyage du bois se fait à des vitesses allant jusqu'à 120 m/min.

L'installation mécanique a été livrée par la société Springer. Au final, la tomodensitométrie fournit de la valeur ajoutée et augmente la valorisation de manière significative. »

Vue de la sortie du scanner CTLog à la scierie Siat D'Urmatt, Alsace

OPTIMISME À LA LIGNA 2017 POUR LA 1ère TRANSFORMATION DU BOIS

Vitrine internationale, la Ligna de mai 2017 à Hanovre a tenu ses promesses. Le matériel de scierie a étalé techniques et technologies à des professionnels de la première transformation prêts à booster leur process pour des marchés du sciage qui reprennent du dynamisme après une décennie d'atonie. Nombre de fabricants de machines ont répondu présents à la grande ''messe'' d'Hanovre. Exposé des tendances.

Les scies à chariot en première ligne

La tendance forte à vouloir transformer les gros bois s'est vérifiée chez les fabricants de scies à ruban à chariot. LBL, Primultini, Artiglio présentaient en effet chacun un bâti de 160 ou de 180 (diamètre volant en cm). Le fameux 140 cm semble désormais bousculé. Des bâtis plus imposants, inclinés à 17° ou 18°, assurent pendant le sciage une meilleure stabilité au bois et équipent systématiquement les machines. Sur leurs stands, les fabricants présentaient d'ailleurs certaines variantes intéressantes comme : le système actif de guidage de scie à ruban avec ''aimants intelligents'' chez EWD ; le déplacement latéral des poupées, reprenant le principe des câbles de téléphérique, en fonction de la longueur à scier chez Artiglio ; un bâti étroit en fonte chez LBL ; un système permettant de tendre fortement les lames autour de 20 kg/mm^2 ; ou encore des glissières prismatiques interchangeables pour le guide-lame et un griffage hydraulique chez Primultini.

Les systèmes de lubrification par pulvérisation se généralisent, sans toutefois abandonner totalement le traditionnel gasoil. Les diamètres de billes admises pouvant dépasser 1,20 m montrent la volonté de transformer des ''bois forts''. Les apports technologiques - davantage d'entre-axe, meilleur guidage, lame plus large et plus épaisse - devraient assurer la rigidité de l'outil de coupe et permettre la vitesse et la qualité du sciage.

Si les scies à chariot montrent leurs muscles, Primultini a aussi revu le ''cerveau de la machine''. Jonathan Bleesz, VBI, explique que « le poste de commande a subi une refonte générale. Emplacement des commandes, ergonomie, division tactile, mais surtout un opérateur qui configure son sciage à partir du scannage sur la longueur et sur les bouts. Une fois validé le plan de sciage s'affiche en hologramme sur la vitre de la cabine. Ce qui permet au scieur de suivre plus aisément son cycle de découpe. »

Enfin, le fabricant turc ÜSTÜNKARLI exposait toute une gamme de matériel autour du ruban de scierie et notamment un ruban à grumes bi-bâti.

L'équipe LBL BRENTA devant le bâti 180 incliné à 17°

Le sciage horizontal sort du bois

Le sciage horizontal s'est imposé avec la présence des principales marques telles que Serra, Wravor, Mébor, Resch, Vimmer, Wood-Mizer.

Dans les halles, on pouvait remarquer les tendances suivantes : une évolution technologique des différents matériels et un renforcement des structures qui tient pour l'essentiel au retour d'expérience des utilisateurs repris par les divers services de R&D des marques ; la mise en place de véritables scieries intégrant sciage de tête avec de plus grands diamètres et transfert vers le sciage de reprise avec déligneuse de plus grosse capacité ; la conception de matériel de sciage vertical ou horizontal intégrant le sciage en ligne, notamment chez Wood-

Mizer qui présentait sa gamme de ruban Titan ; ou un ''grossissement'' de certaines machines. C'est le cas du modèle présenté par Wravor.

La WRC 1550 AC possédant des volants de 1350, des guides à pression et une lame de 160 mm de large. Cette machine partira en Afrique où elle pourra passer des billes jusqu'à 1,55 m de diamètre.

Du sciage en ligne au scannage

Avec les fabricants Linck, EWD, Hew Saw, Söderhamn Eriksson / USNR, Heinola[58], SAB et Microtec, le sciage en ligne et l'optimisation étaient bien représentés. On a pu noter que selon Henry André, agent Linck, « la tendance en France est à l'augmentation des capacités de diamètre bois. La demande est là et le fabricant allemand y répond avec son canter ''bois fort'' acceptant jusqu'à 720 mm ».

Pour Hew Saw, une maîtrise de la technologie au niveau de l'emploi d'épaisseurs variables entre les lames du dessous et celles du dessus permet d'augmenter la vitesse moyenne qui, selon Stéphane Morin, de Prologic, « permet de passer 200 mm de hauteur à 200 m/mn ».

Chez EWD, la déligneuse Optidrive 550 accepte des produits de 17 à 55 mm d'épaisseur à la vitesse de 420 m/mn, soit 65 produits par minute. Söderhamn Eriksson /USNR[59] présentait le twin ruban Logmaster HPS de diamètre 1800 ou 2000 mm, avec ou sans canter, pouvant être associé à du profilage ou du débit courbe.

Il affiche des vitesses d'alimentation pouvant aller jusqu'à 180 m/mn, tandis que la rigidité assure une excellente précision du sciage avec des traits de scie extrêmement minces avec des lames de 1,47 mm d'épaisseur maxi.

---

[58] Kari Kiiskinen, le dirigeant finlandais d'Heinola, 70 salariés, 50 ans d'existence, souhaite implanter deux connexions commerciales en France.

[59] Depuis son rachat par l'américain USNR, Söderhamn Eriksson appartient au plus grand groupe mondial de fabricants de matériel de scierie, soit 1000 salariés.

Microtec, entreprise spécialiste des rayons X, présentait en complément du scanner de grumes CT Log [60], le Goldeneye 900 affecté au classement qualitatif bois vert ou sec des planches jusqu'à 200 pièces par minute. Sans oublier le Goldeneye 600 attribué à l'optimisation des produits en entrée de déligneuse puis en préparation de la découpe.

Valon Kone, Nicholson, Balzer et Zembrod et SGM présentaient chacun du matériel d'écorçage acceptant de forts diamètres oscillant autour de 1,10 m.

L'évolution majeure était présentée par Valon Kone. Elle consiste à mettre en ligne un module réducteur de souche devant l'écorceuse proprement dite. Une simplification du process permettant de diminuer l'encombrement et surtout de supprimer de la mécanisation.

Le fabricant Balzer & Zembrod mettait en avant le chariot ''Obélix 5'', 2,9 tonnes à 13 mètres, avec un système d'amortissement sur accumulateur d'azote. B & Z étant la dernière marque à proposer ce produit.

Zoom sur la manutention, la recoupe, le séchage et le broyage

Joulin présentait son nouveau préhenseur EGB, valorisant compacité et facilité d'intégration. Springer présentait un démêleur basé sur des rouleaux hélicoïdaux permettant de gravir des paliers, ainsi qu'un robot d'étiquetage.

Kallfass proposait un banc de tronçonnage à scies multiples permettant de tronçonner un lit de planches complet avant l'empileur. Le positionnement des unités de sciage est automatique, via une interface à écran tactile, avec une précision de coupe de plus ou moins 1 mm.

Printz exposait un poste de découpe paquet de sciage de 1,20 m de largeur par 1,20 m de hauteur avec une innovation importante : le sciage de haut en bas et de bas en haut. Doté d'une précision de coupe plus ou moins 1 mm, il est plus rapide que les systèmes conventionnels, ce qui le rend

---

[60] Après la société suédoise Norra Group, la scierie Piveteau Bois est cette année le deuxième client à investir dans un scanner de grumes CT Log.

intéressant dans le cas de découpes répétitives sur un même paquet.

La conception sur-mesure des séchoirs ACC Cathild apporte des économies de 30% grâce à la récupération d'énergie. Un système observé de près par des visiteurs soucieux d'optimiser consommation et performances.

Enfin, de nombreux broyeurs étaient visibles en fixes, comme Vécoplan, ou en mobiles, comme Eschlböck ou Doppstadt…

La formation chez les scieurs allemands

Le syndicat des scieurs allemands, DeSH, présentait un simulateur ambulant de sciage permettant d'aller dans les écoles professionnelles pour faire la promotion du métier et former les jeunes ; mais aussi de se rendre dans les entreprises afin de former les salariés en vue d'améliorer rendement et productivité[61].

De quoi assurer l'avenir du sciage et de susciter de futures vocations…

Gros plan sur la scierie 4.0 de finega group

Michel Loyet, dirigeant du groupe Finega, présentait un groupe de sciage capable de fonctionner sans opérateur. Cet outil de production innovant fonctionne depuis mi-2016 dans une fabrique de palettes à Carhaix dans l'ouest de la France. Des diamètres de 25 à 60 cm sont débités sur une base Master Twin (canter et twin ruban de diamètre 140) après être passés sous un scanner 360° associé à une table de chargement automatisée.

La reprise se fait sur un twin automatique avec fonction ''reverse'', une multilame circulaire et une déligneuse à introduction automatique. « Nous avons mis au point cette scierie 4.0 après deux ans de R&D, explique Michel Loyet. C'est-à-dire un outil de transformation capable de travailler en autonomie avec seulement un superviseur.

---

[61] http://www.saegeindustrie.de/sites/index.php.

À la clef, des rendements matière allant de 56 à 61 % pour deux billes de diamètre moyen à la minute. Plus qu'une évolution, c'est une révolution dans le domaine de la scierie ».

Les fabricants analysent la Ligna 2017

Du côté des fabricants, la Ligna 2017 aura mis en évidence « une offre autour de la flexibilité des outils et des productions, selon Vincent Planté de Finso Bois. On ne raisonne plus en produit unique. La possibilité d'ajouts modulaires ouvre de nouveaux horizons. Cette approche pousse l'optimisation et la recherche-développement bénéficie de l'évolution des techniques et des composants en favorisant une véritable progression technologique. » Fabien Iffrig de Microtec parle lui « d'une demande émanant de toute l'Europe pour des systèmes de scannage. Le but : avoir des rendements définissables par des règles programmées dans une logique d'optimisation de valeur et d'augmentation de cadences. »

Michel Loyet de Finega Group souligne « l'intérêt des visiteurs pour la scierie 4.0 entièrement automatisée. La technologie française peut parfaitement s'exporter ». Jonathan Bleesz de VBI, remarque « que les clients français ont été au rendez-vous et avec de vrais projets concrets ».

Ce qui est d'ailleurs confirmé par Fabien Iffrig, « on sent une réelle reprise du marché français avec des visiteurs qui sont venus finaliser des projets en cours ». Pour Hervé Lauriot, LBL, « une dynamique positive est enclenchée. »

Du côté des visiteurs, on notera que, selon Marc Siat, scierie Siat, « on a ressenti sur le salon un vrai regain d'optimisme ».

Hanovre est la référence de la machine-outil bois qui supplante tous les autres salons mondiaux, mais selon Philipe Siat, président de la FNB et scieur, « l'activité est bien repartie dans les feuillus, mais pour le résineux ce n'est pas encore convenable partout. Sans oublier la problématique des gros bois qui n'est pas encore résolue ! »

Ce salon aura finalement offert « un brin de réponse pour la transformation des gros bois avec une tendance à présenter des scies à grumes de 160 (diamètre en cm des volants) et 180 capables d'admettre des bois forts », indique Hervé Lauriot, LBL.

Reste maintenant à « bien maîtriser les coûts énergétiques avec l'augmentation de puissance du matériel », conclut Éric Julien, Eurochêne.

L'AFFÛTAGE RUBAN ET CIRCULAIRE À LA LIGNA 2017

Tous les deux ans, la Ligna d'Hanovre est un rendez-vous que les scieurs ne manquent pas. Occasion pour eux d'avoir un étalage de techniques et de technologies dédiées à la transformation du bois, mais aussi à l'entretien des lames. Occasion également de rencontrer pour la plupart leurs fournisseurs d'outils de coupe : ruban et circulaire.

Numérique et robotisation chez les fabricants d'affûteuses

Plusieurs sociétés de tailles différentes avaient fait le déplacement à la Ligna :

-l'entreprise italienne UT.MA, créée en 1970, présentait son affûteuse automatique AL 805 pour lame circulaire carbure. Une machine capable de faire tous types de denture en usinant le métal à l'huile entière. Selon Luca Longato, le PDG « nos machines sont soit utilisées par les affûteurs professionnels ou soit par les scieries qui ont intégré un centre d'affûtage » ;

Luca Longato devant l'affûteuse AL 805

-la société allemande Kohlbacher GmbH présentait son affûteuse Shark 800 sous arrosage, acceptant des lames ruban jusqu'à 360 mm de large. M.Kohlbacher a débuté dans les années 1990 par l'affûtage au service de l'industrie du bois. Ensuite, il a commencé à construire ses propres machines pour l'affûtage des scies à ruban de scierie ;

Affûteuse Shark 800 de Kohlbacher GmbH

-l'affûteur italien, Vaninetti, 20 salariés, qui partageait le stand avec le fabricant Kohlbacher GmbH, présentaient une nouvelle lame ruban avec une denture au titane ayant la particularité d'avoir une durée de coupe deux fois supérieure au stellite. Les marchés sont dirigés vers la France, l'Allemagne, l'Autriche et l'Italie ;

-la société allemande Vollmer, centenaire, présentait sa nouvelle CHC 840 destinée à l'affûtage des circulaires carbure jusqu'à 840 mm de diamètre. Selon Joël Fortin, commercial France, « elle remplace les CHC hydrauliques vendues dans le monde entier à plus de 7 000 exemplaires. Son poids évite les vibrations et elle peut travailler soit sous émulsion, soit sous huile entière. Grâce à ses quatre axes à commandes CHC, une flexibilité maximale est obtenue » ;

Joël Fortin et Guy Champion et deux techniciens devant la Vollmer CHC 840

-Iseli, la société suisse, présentait l'affûteuse numérique BNP 100, nouvelle génération pour ruban, l'affûteuse numérique pour scie alternative en un passage sans déplacement de la lame, la machine à planer et tensionner type RZ 1 avec un nouveau programme plus rapide. La marque mettait en avant son affûteuse KHB 300 accouplée au tout nouveau robot de chargement KR 400 pour scies circulaires de diamètre 860 maxi. À ce robot peuvent être accouplées une ou deux affûteuses et une rectifieuse.

Franck Desseigne devant le robot KR 400 Iseli

Le service pour les ateliers d'affûtage

Les ateliers d'affûtage ont affiché leurs services, mais surtout rencontré leurs clients. Parmi eux :

- l'atelier d'affûtage allemand Alber, 60 salariés. Florian Alber représente la 4ème génération œuvrant au sein d'une entreprise née en 1912. Aujourd'hui, les marchés se trouvent en Allemagne, mais aussi en Autriche, Suisse et Hollande. La spécialité de l'entreprise est un traitement thermique spécifique qui facilite la mise en tension des lames ruban aux largeurs pouvant aller jusqu'à 360 mm. Florian Alber souligne « que les scieries externalisent de plus en plus l'entretien de leurs lames » ;

Florian Alber devant les lames : en particulier la lame bi-coupe tronquée de deux manières pour le bois gelé

-l'entreprise française Forézienne MFLS, 250 salariés, quatre sites de production et une filiale en Espagne. La fabrique de lames de scie qui réalise 40 % de son CA à l'export est devenue en quarante années le leader européen sur le marché de la fabrication de la lame de scie. L'entreprise spécialisée évolue en fonction des attentes des clients, mais aussi en suivant l'évolution des outils de coupe. La particularité de Forézienne MFLS réside dans la préparation des rubans larges. Selon Marc Ginot, directeur général, « la largeur 206 mm la plus produite évolue vers des standards plus élevés : jusqu'à 311 mm. Une évolution qui pousse certains scieurs à externaliser l'entretien devenu en interne trop complexe à réaliser faute de matériels et de compétences ».

Cette externalisation impose une mise en place d'un service de transport économique, mais qui maintienne surtout la qualité des rubans quant aux déformations que le voyage des outils pourrait engendrer. Marc Ginot affirme « qu'un des points forts de l'entreprise est ''la ramasse'' régulière des lames. Une pratique qui a ouvert et entretient le marché allemand ». C'est aussi la capacité à proposer une offre globale aux clients : définition et choix des outils, fabrication, livraison, fournitures de machines et support des techniciens.

Technicité des scies circulaires

Au service des scieurs et des concepteurs de machines, les fabricants de scies circulaires affichaient leurs outils et leurs spécificités :

-Le fabricant français RBD, 60 collaborateurs, deux sites de production, commercialise sous la marque ONCI des scies circulaires destinées aux scieries résineuses, raboterie, industrie du panneau, fabricant de meubles et menuiserie industrielle. La part de l'export est de 40 %. Le fabricant présentait la lame circulaire à plaquettes carbure SX2.

Selon Laurent Casset, directeur commercial, « cette lame innovante, diamètres entre 400 et 800 mm, est issue d'une collaboration entre RBD-ONCI, le fabricant de machine LINCK et le carburier CERATIZIT. De conception robuste pouvant avoir des renforts avec moyeu, un acier sélectionné parmi les nuances et les qualités les plus résistantes à la déformation. Elle offre le meilleur compromis entre souplesse et résistance aux efforts de coupe. Au final, une longévité de coupe doublée et une stabilité du corps de lame convenant au sciage courbe. Pour preuve, on a constaté dans du sciage de douglas sur machine Csmk 375 et 325 LINCK un doublement des longévités de coupe, une moyenne de 750 m^3 de produits finis (madriers) par monte et des pointes à 1000 m^3 de produits finis (madriers) par monte ».

Le stand RBD-ONCI mettait en avant la lame à insert demi-lune de diamètre 2200 mm, destiné au parc à grumes des scieries

-L'entreprise allemande AKE, 520 salariés et 20 dans sa filiale française, présentait la lame de déligneuse de 695 mm de diamètre avec la particularité de posséder un épaulement au centre de la lame. Selon Thierry Schmitt, d'AKE France, « l'épaulement renforce la rigidité du corps et donc la rectitude du sciage ». L'outil est optimisé en fonction des hauteurs de coupe, de la vitesse d'avance, de la vitesse de rotation et du diamètre des flasques. Pour Thierry Schmitt, « cette nouvelle scie exige un travail de conception réalisé en étroite collaboration avec les fabricants de machines ».

La scie circulaire AKE et son épaulement central

Évolution de l'affûtage dans le sciage horizontal

La présence à la Ligna des principaux fabricants de scies horizontales, Serra, Wravor, Resch, Mebor, Wood-Mizer, Wimmer, a montré toute une gamme de matériels dont certains organisés comme de véritables scieries intégrées. Installés ou visibles sur catalogue les fabricants proposent affûteuses à sec et même sous arrosage, banc de planage, soudeuse et stelliteuse.

Une montée en gamme certaine de la maintenance des lames chez des fabricants soucieux de proposer une offre globale autour du sciage et de la maintenance des outils de coupe.

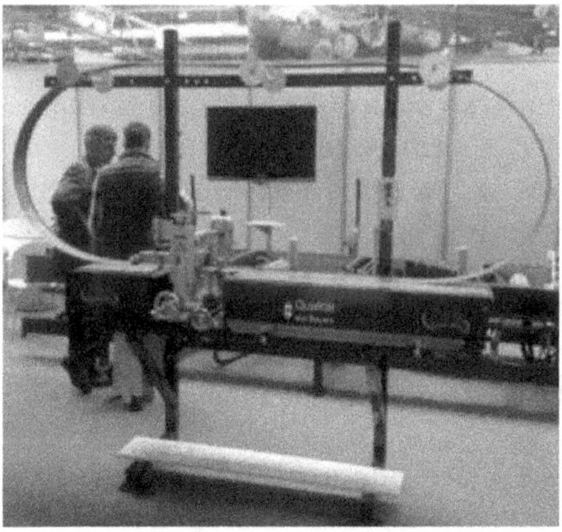

Banc de planage-tensionnage, visible sur le stand Wimmer-Zenz, adapté pour les petits rubans des scies mobiles.

Sophistication de plus en plus élevée des outils et des techniques d'affûtage

La Ligna 2017 a révélé une sophistication de plus en plus élevée en matière d'outils proprement dits et des techniques d'affûtage destinées à la scierie. Tout le matériel est à présent à commande numérique et travail sous arrosage.

La robotisation se poursuit. Les fabricants de scies horizontales proposent aussi une gamme complète de matériel d'entretien des lames.

Pour les scieries fixes, la taille des outils de coupe augmente. Elle pousse à l'acquisition de nouveaux matériels d'affûtage ou à l'externalisation de l'entretien chez des professionnels.

LE SCIAGE EN LIGNE ULTRA RAPIDE D'UNE SCIERIE SUÉDOISE

Le lancement en Suède par une coopérative forestière d'une ligne de sciage ruban ultra rapide montre que la performance volumétrique n'est pas la chasse gardée de la cantérisation à base de scies circulaires.

Surtout et à plus forte raison lorsqu'il y a une recherche d'économie de matière. Un modèle de sciage qui pourrait être plus valorisé en France.

Une coopérative forestière qui transforme ses bois

Une coopérative forestière du nord de la Suède, comptant 17 000 membres, le Northern Forest Owners, vient de moderniser son second site de sciage, celui de Sävar[62].

La scierie emploie 90 salariés. Elle a démarré la nouvelle ligne en août 2017. Elle produit 200 000 m^3 de sciages à partir d'une matière brute constituée de 60 % de pin et de 40 % d'épicéa. Les diamètres de billes admis vont de 120 à 400 mm.

Les produits obtenus sont destinés à la construction, aux clins, à l'aboutage et au collage.

---

[62] Le groupement forestier est né dans les années 30. Aujourd'hui 2 millions de m^3 sont mobilisés et quelque 800 000 m^3 sont transformés dans les deux scieries celle de Sävar et celle de Kage.

La scierie de Sävar du groupe Norra Timber au nord de la Suède

Objectifs de la modernisation

La modernisation pour 6 millions de $ US d'une ligne de 11 rubans a eu pour objectif initial le doublement des vitesses de sciage. L'ancienne ligne « avançait » à 65 mètres/minute, alors que celle de la nouvelle chaîne performe en moyenne à 150 mètres par minute, avec même des pointes à 190 m/mn.

La recherche de performance ne s'est pas arrêtée à l'augmentation stricto sensu de la productivité volumétrique. Le projet a poussé le fournisseur des bâtis de diamètre 1800 mm, Söderhamn Eriksson, en collaboration avec le fabricant de lames, à optimiser la valeur du trait de scie.

Au final, la voie obtenue par écrasement est de 24/10 mm pour des lames de 14,7/10 mm d'épaisseur. En France et sur un bâti comparable, la valeur est de plus de 34/10 mm dans le sciage du résineux. Nous ne pouvons pas nous empêcher de comparer aussi cette voie avec celle des circulaires de la cantérisation qui approche les 50/10 de mm.

Selon Stig Grunberg, directeur de la scierie « redéfinir la valeur de la voie est un défi majeur. Nous souhaitons récupérer le plus possible de matière noble, c'est-à-dire du sciage et non des plaquettes ou de la sciure. Pour cela, nous avons établi une cible avec la volonté de doubler la vitesse en diminuant par deux l'épaisseur de la voie. Nous sommes en passe d'atteindre 15/10 de mm sur les bâtis de refente et 20/10 de mm sur les bâtis de tête avec des lames d'une épaisseur de 11/10 de mm en 230 mm de largeur ».

« Les résultats s'appuient, selon Hervé Doret, représentant la marque en France, sur la philosophie Söderhamn Eriksson qui est vitesse, précision et rendement matière ».

Au final, cette combinaison permet d'atteindre un rendement matière d'au moins 55 %.

Le Logmaster HPS de Söderhamn Eriksson : diamètre des volants de 1800 mm montés en porte à faux. Tension de montage 17,5 tonnes

Le système guide à pression du Logmaster HPS

Un sciage en ligne avec 11 scies à ruban

En début de ligne de production, les billes sont scannées en 3D. Grâce à ses quatre caméras, le scanner permet d'obtenir la forme exacte du billon et le programme de sciage d'USNR optimise les débits.

Le billon est disposé à la recherche de la position idéale par un anneau rotatif. Le bois est ensuite parfaitement maintenu et entraîné par des bras rétractables dans le canter. Le fraisage assure le découvert des deux faces latérales.

Le noyau obtenu est ensuite mis à plat et la même opération de fraisage est exécutée sur les deux autres faces brutes. Un noyau rectangulaire flacheux en ressort.

Ce noyau circule dans le premier QUAD (deux twins l'un derrière l'autre) à grande vitesse pour le débit des planches latérales (une ou deux de chaque côté en fonction du plan de débit). Ces planches sont éjectées à la sortie du QUAD et acheminées à la déligneuse automatique.

Le noyau restant est à nouveau retourné de 90° pour réaliser la même opération de sciage latéral à l'intérieur du second QUAD.

Selon Hervé Doret « il reste un noyau parfaitement équarri qui poursuit son avancée dans un centre d'usinage comprenant trois bâtis permettant d'obtenir deux, trois ou quatre produits finis. Chaque groupe de machines est distant de la longueur maximale des billons. Cela facilite le débit courbe et améliore de quelques points le rendement matière. Pour atteindre la vitesse d'avance de 150 m/mn, les bâtis sont tous équipés de guides à pression adaptés augmentant précision et rectitude des sciages ».

Pour Stig Grunberg « avec cette nouvelle chaîne de production, nous obtenons un taux de flux quasiment aussi élevé que dans une chaîne de scies circulaires, mais avec un rendement matière plus élevé ».

Tourneur de billons rotatif à 90 ° du noyau équarri avant le Quad ruban Söderhamn Eriksson

Vue de la ligne de sciage Söderhamn Eriksson avant l'entrée dans les Quads ruban

En conclusion, la pratique de la cantérisation à base de scies à ruban bouscule quelque peu celle à base de scies circulaires. L'installation suédoise démontre que la scie à ruban a des cartes à jouer aussi en France, en matière de sciage en ligne. À plus forte raison avec l'évolution technologique de l'outil de coupe ruban et en particulier la dépose du carbure sur les pointes fines des dents.

Un principe de sciage très intéressant, si, comme en Suède, la cantérisation cherche à relever ses rendements matière. Une démarche plus que louable avec le renchérissement du bois. La finesse du trait de scie valorise une partie de la matière ligneuse autrement mieux qu'en produits connexes.

Le groupe USNR-Söderhamn Eriksson, leader mondial de la fabrication de matériels de scierie

La marque suédoise Söderhamn Eriksson est entrée en 2015 dans le giron du géant américain UNSR, lui aussi fabricant de matériels de scierie. Le groupe, fort de plus de 1000 salariés se place comme le plus gros fabricant mondial de matériels de scierie.

Le maintien et le développement de l'activité de Söderhamn Eriksson restent en Europe.

La collaboration entre les deux marques est antérieure à 2015, mais à présent des projets personnalisés combinent les produits des deux marques. Les solutions globales s'adaptent n'importe où dans le monde.

SERA-GILLET ET SA SCIE À GRUMES ''SAWLINE 4.0''

Le sciage sur scie à grumes en premier et second débit connait une évolution importante. Une automatisation du sciage impensable hier encore, mais mise en œuvre par le fabricant Sera-Gillet dans plusieurs scieries françaises avec la Sawline[63] 4.0.

La scie à grumes en perpétuelle évolution

La scie à grumes, machine emblématique, tant elle a équipé et équipe toujours le parc matériel des scieries françaises, qu'elles soient artisanales, semi-industrielles ou industrielles. Outil de production extraordinaire, espèce de ''couteau suisse'', on rencontre le système de sciage polyvalent aussi bien en scierie de feuillus que de résineux.

La machine a évolué au fil des décennies profitant des avancées technologiques de son temps comme, par exemple, le passage du griffage électrique au griffage hydraulique ou pneumatique ou encore la division électronique dite ''inverse'' remplaçant la célèbre pendule à deux aiguilles et le calcul mental du non moins célèbre « scieur de tête » ! Sans parler du guide à pression qui a remplacé le guidage classique employé depuis l'invention de la scie à ruban par l'Anglais Newberry en 1808[64]... On peut citer aussi la vulgarisation du sciage bi-coupe, des tensions de lames oléopneumatiques, des lubrifiants biodégradables, des bornes indépendantes montées sur servovalves, de la profilométrie et de l'optimisation du débitage, des bâtis de plus en plus gros, 1,60 m à 1,80 m, des bâtis et chariots inclinés, des matériels accessoires tels le slabber et le pré-délignage, sans oublier de parler de l'évolution

---

[63] Ligne de sciage.

[64] Mais réellement utilisée à partir de 1860-70, après les progrès de la sidérurgie qui fournira de bons aciers, mais aussi après les nombreux brevets déposés par la marque Panhard-Levasseur, avec notamment le guidage de la lame et le système d'amortissement. http://chalayer-scierie.chez-alice.fr : La grande histoire de la scierie française de l'Antiquité à nos jours.

des outils de coupe de plus en plus larges, résistants et endurants avec la stellite, le Titanium[65], et le carbure, sans oublier la conduite en cabine… Toutes ces avancées ayant bien entendu, fait grimper productivité, qualité du sciage, confort et sécurité des opérateurs.

Une évolution récente

On pensait avoir tout vu et être au bout des avancées technologiques concernant l'indémodable scie à grumes. Mais non, force est de constater qu'il se passe encore des choses. Rien d'étonnant qu'un constructeur en 2014, poussé par la scierie Hamon installée à Merdrignac, Côtes-d'Armor, et spécialisée en charpente et emballage, ait relevé le défi d'automatiser le cycle de sciage de sa scie à grumes de reprise. Et cela a fonctionné puisque le système est aujourd'hui répliqué à plusieurs exemplaires et que d'autres sont déjà en commande.

« Pour le remplacement de sa machine, explique Patrick Serré, le dirigeant de Sera-Gillet, le cahier des charges de M. Hamon était le suivant : augmentation de la production, de la précision de sciage et du rendement matière, mais aussi diminution des fréquences de réglage et d'entretien. Pour répondre à cette demande ambitieuse, nous avons conçu une nouvelle génération de scies à grumes automatisées. »

À la scierie Hamon pendant que la scie de reprise ''fonctionne en automatique'' le plateau suivant est approvisionné et tourné sur la bonne face, le scanner 3D vient le mesurer et le positionner dans l'espace, l'optimiseur propose des schémas de débit à l'opérateur en fonction des listes prioritaires rentrées depuis le bureau, l'opérateur valide un schéma de sciage et c'est parti. Le sciage aller et retour se fait tout seul. Plus besoin que l'opérateur s'occupe du cycle.

Patrick Serré précise, « à la fin de son cycle de sciage, le chariot vient se positionner en face du plateau en attente, les poupées étant déjà positionnées pour effectuer le découvert optimisé ».

Le cycle de chargement s'enclenche une fois le plateau arrivé sur le chariot. Ce dernier est griffé et le chariot part en

[65] Un produit dont le journal parlera dans un dossier à venir.

cycle automatique de sciage. Chaque produit débité est alors pris en charge puis acheminé aux différentes destinations : les déchets vers le broyeur, les planches flacheuses vers la déligneuse, les produits finis vers le trieur à cases, les produits à refendre vers le dédoubleur. Les produits principaux sont aussi automatiquement décomptés des commandes.

L'opérateur devient un surveillant-superviseur qui peut se consacrer à la gestion des commandes et au suivi de la qualité, mais aussi à la reprise en main de la machine après un incident.

D'après Patrick Serré « l'automatisation a permis d'apporter une augmentation et une régularité de production. Pour répondre aux critères de précision de sciage et de diminution des fréquences de réglage et d'entretien, nous avons développé une nouvelle génération de chariots. Les poupées sont installées sur des glissières à billes, le positionnement s'effectue par des vis à billes en prise directe avec des moteurs asynchrones travaillant en boucles fermées garantissant une précision de positionnement inférieur au 1/10 mm, sans aucun réglage et permettant une dynamique inégalée ».

Et après cette première expérience ?

Fort de cette expérience concluante, Sera Gillet a développé le sciage automatique dans les grumes. Une première installation a été mise en service au mois d'août 2018 à la scierie Gouny[66] de Ussel, Corrèze. Une deuxième installation au mois de décembre à la scierie Inard bois à Villemoustaussou, Aude. Une troisième est prévue pour le mois d'août 2019 à la scierie Falcon de Saint Chély d'Apcher, Lozère.

Patrick Serré révèle que « dans ces trois installations, l'opérateur reste maître du retournement de la grume. Actuellement, nous avons deux projets en cours de finalisation avec des scies à grumes inclinées. Cela va nous permettre d'automatiser certaines manœuvres de retournement. De plus, l'orientation de la grume ainsi que le schéma de sciage seront prévus dès le parc à grumes et reproduits sur la scie à grumes. Enfin, une troisième génération est en cours de développement

---

[66] Voir article Bois international du 25 mars 2017.

intégrant l'orientation en temps masqué et le chargement automatique afin de répondre aux besoins des scieries industrielles gros bois ».

Nul doute que ces avancées technologiques vont faire parler d'elles. En tout cas, la technicité développée dans la Sawline 4.0 prouve qu'il est encore possible de gagner des points de productivité et de rendement matière ainsi que de la qualité de sciage. On ne peut que se féliciter d'une telle évolution qui, de plus, remet en selle un fabricant français connu et reconnu.

Présentation Sera-Gillet par son dirigeant Patrick Serré :

« La SARL Sera-Gillet a été créée en 2012 par la Sté Sera de Livarot, suite à l'acquisition des Ets Gillet de Casteljaloux.

La direction est assurée par moi-même fort d'une expérience de 40 années dans le matériel de scierie. L'accent a rapidement été mis sur l'ingénierie et le développement de concepts nouveaux de sciage. La fabrication est sous-traitée aux industriels locaux spécialisés, l'assemblage final et les essais sont réalisés dans nos ateliers par nous-mêmes

Nous assurons également l'installation, la mise en route, la formation du personnel chez nos clients ainsi que le service après-vente.

Nous disposons d'une équipe de 14 techniciens et cadres spécialisés et sommes toujours à la recherche de nouveaux collaborateurs pour continuer à assurer notre développement.

Le chiffre d'affaires de la SARL est passé de 1 500 000 € en 2012 à 3 200 000 € en 2018 avec un prévisionnel de 4 000 000 € en 2019.

Nos ateliers et bureaux sont en complet décalage avec les technologies que nous déployons. Ils sont même un frein, il faut le dire, à notre développement par leur vétusté, miroir d'une société centenaire. C'est pourquoi nous avons lancé l'étude de la construction d'une nouvelle usine qui devrait s'achever en 2020. Cette nouvelle étape nous permettra de rationaliser le travail et de faciliter l'embauche. Tout un programme qui nous permettra d'être encore plus au service des scieurs français »

Vue côté alimentation du scanner en cours d'analyse du plateau. Il s'agit de la préparation en temps masqué pendant que la scie débite seule le précédent plateau

Scie de reprise de la scierie Hamon. Vue depuis la cabine du superviseur

Côté sortie de la scie de reprise de la scierie Hamon et réception du débit sur la chaîne d'évacuation

Évacuation automatisée des produits de la scie de reprise de la scierie Hamon

Première installation de sciage automatique sur scie à grumes mise en service au mois d'août 2018 à la scierie Gouny

LE TITANIUM UNE NOUVELLE AVANCÉE DANS L'AFFÛTAGE RUBAN

Un pas de plus vient d'être franchi dans le domaine de l'affûtage. Avec le *TITANIUM scies* ® du fabricant haut-savoyard EURO SCIES, les scieurs possèdent à présent un outil de sciage ruban qui se place entre le stellite et le carbure en termes de dureté et surtout de durée de coupe.

40 ans d'évolution après les dentures écrasées

Il a fallu attendre le début des années 1970 pour voir apparaître les dents dites stellitées. À l'époque, plus qu'une évolution, une révolution, tant la technologie a bousculé les pratiques professionnelles. Des pratiques jusqu'alors exclusivement centrées sur l'écrasement et quel changement pour les petites et moyennes scieries ne possédant pas d'affûteur comme dans les grosses entreprises. Du temps enfin dégagé pour les chefs d'entreprise pour davantage s'investir dans la gestion de la production et l'action commerciale en laissant derrière eux la préparation très technique et longue des dentures par écrasement[67]. Mais c'est surtout l'augmentation de la durée de coupe qui a été appréciée.

Les lames de 100 à 150 mm passaient de 2 h à 4 h de sciage. Plus besoin ''d'arrêter la scie'' en milieu de matinée ou d'après-midi pour changer la lame. Un quart d'heure de gagné et des mètres cubes de sciage en plus.

La suite, on la connaît. L'arrivée du carbure dans les années 1980, d'abord en apport sur les scies circulaires, et depuis les années 2000, sur les scies à ruban avec le concept TCT de MFLS Forézienne donné pour une quarantaine d'heures de débit. Mais aucun produit n'existait entre les deux technologies. Désormais, il existe un autre concept, la denture

[67] La préparation française dite ''Alligator'' obligeait au défonçage entier des lames de scie avant ré-écrasement. Heureusement, la méthode américaine Armstrong (portée par M.Luc Batard) relancera l'écrasement des lames dans les années 1990 ne nécessitant pas le défonçage.

TITANIUM scies ® mise au point par la société haut-savoyarde EURO SCIES.

Naissance du projet *TITANIUM scies* ®

Dans le cadre de sa démarche de Recherche et de développement, la société haut-savoyarde EURO SCIES a étudié dès 2011 une nouvelle solution adaptée au sciage du bois. Étude, réalisée en partenariat avec le CETIM[68], visant à développer un procédé nouveau de découpe du bois plus performant. Philippe Commier, porteur du projet, explique « que nous souhaitions réaliser un saut technologique en proposant une solution technique pouvant résoudre le problème de l'interaction antagonique entre la robustesse et la durée d'utilisation des lames de scie à la coupe du bois. L'étude a révélé que les solutions existantes ne correspondaient pas à nos attentes. Les solutions de lames à base de stellite, en effet, ont un temps d'utilisation trop faible et demandent à être affutées très régulièrement tandis que les solutions en carbure de tungstène ont une plus longue durée d'utilisation, mais sont très cassantes et ne peuvent être aiguisées aisément par un scieur. Leurs performances étaient insuffisantes à nos yeux, n'offrant aucun compromis satisfaisant entre robustesse et durée d'utilisation. »

Des interrogations ont alors surgi. Quelles matières utiliser ? Pouvait-on améliorer l'existant ou fallait-il trouver une solution totalement nouvelle ? Dans ce dernier cas, quel procédé utiliser ?

D'autres formulations de stellite ont été testées, ainsi que leur performance à la découpe. « Mais, précise Philippe Commier, ces stellites plus dures devenaient d'autant plus cassantes et perdaient en robustesse. Nous avons donc réalisé une deuxième étude en considérant l'utilisation de titane en mélange (30 à 40%) avec la stellite. Néanmoins l'incompatibilité technologique entre les lames de scies, notamment au niveau de l'affûtage, n'a pas pu être résolue. Nous avons donc abouti à une nouvelle formulation d'acier innovante aux propriétés bien supérieures à l'existant en termes

[68] Centre Technique des Industries Mécaniques.

de combinaison entre durée d'utilisation et robustesse. De plus, cette solution était affûtable en scierie en améliorant le matériel. »

Ainsi, les travaux de recherche réalisés en collaboration avec Christian Massenat, dirigeant de SN LORRAINE SCIES, ont abouti à la mise au point d'une technologie nouvelle et une solution technique capable de résister aux intenses chocs thermiques et mécaniques provoqués par la découpe du bois. C'est ainsi que le saut technologique a abouti au dépôt de marque *TITANIUM scies* ®en 2013.

Où en est-on aujourd'hui ?

La nouvelle technologie développée par EURO SCIES a permis d'améliorer substantiellement la tenue de coupe des dents de scie en atteignant des temps de débit de 16 h, soit le double d'une lame stellitée.

Cela a permis aussi d'améliorer significativement les cadences de sciage de 20 %.

Aujourd'hui, et selon Philippe Commier, « cinq années après le lancement de la marque, nous sommes presque à 50% des lames préparées avec le nouvel alliage de titane combiné à la stellite. Les 50 % autres sont en stellite pure.

Les scieurs utilisateurs du produit nous renvoient plusieurs raisons à choisir le *TITANIUM scies* ®, la performance, la résistance, le rapport qualité/prix, ainsi que l'autonomie d'affûtage pour ceux qui possèdent un affûtage sous arrosage. Quelques-uns le font même à sec. Mais une partie de nos clients a choisi cette technologie pour externaliser entièrement l'affûtage. »

SN LORRAINE SCIES est le seul fabricant de lames sous licence. La marque n'a pas été déposée en Europe.

LA SOCIÉTÉ EURO SCIES

Création 1991. Située à Saint-Pierre en Faucigny (Haute-Savoie)
Dirigeant Philippe Commier
7 salariés, dont 3 représentants sillonnant plus de 15 départements
Chiffre d'affaires : 811 K€
Spécialités : fabrication et entretien des lames de scie ruban et circulaires et négoce des consommables
Distribution de machines allemandes, KOHLBACHER, d'entretien
de lames ruban
En 2008, création du groupe SCIE NERGY avec la société SN LORRAINE SCIES
Agrandissement, en 2012, afin d'augmenter la capacité de production et la réactivité.

8 heures de coupe en denture stellitée, ici sur un bâti de diamètre volant 130 cm avec le Titanium scies, c'est le double, soit 16 h. C'est aussi du temps de gagné au changement d'outil et à l'affûtage

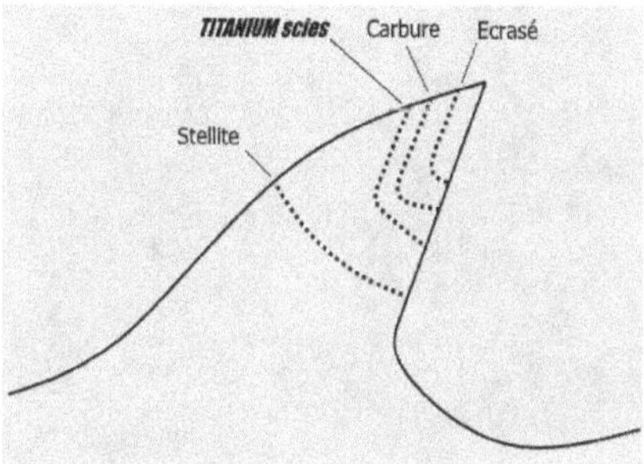

La pastille du *TITANIUM scies* ® a une géométrie et une voie intermédiaire entre le stellite et le carbure.
Sa proportion est avantageusement plus verticale pour réduire les efforts et garantir quand même un bon usinage du fond de dent en prenant plus en hauteur que sur la face lors des affûtages.

Denture PCP avec sa pointe de dent en Titanium

QUATRIÈME PARTIE

Scierie 2025, regard prospectif

INTRODUCTION GÉNÉRALE

Cette partie à la fois analytique et prospective a pour vocation de proposer aux scieurs et à leurs partenaires des éléments techniques et des réflexions collectives nécessaires pour savoir, comprendre et peut-être se forger une stratégie personnelle à venir pour l'horizon 2025. Cette partie a aussi pour but d'aider les acteurs professionnels à se situer, et à faire les choix les plus pertinents.

Des choix qui pour une partie de leur activité pourront s'ancrer sur des démarches collectives : reprise de scieries, mise en place d'une revalorisation de produit, démarche commerciale, etc. !

LES PROBLÉMATIQUES DE LA SCIERIE FRANÇAISE

Les précédentes parties du livre ont explicité l'existant de la scierie française à travers de nombreux sujets qui ont fait l'objet de publications dans la presse professionnelle[69].

Certains sujets, comme par exemple celui du ''manque de bois dans le secteur du chêne'' a soulevé un pan des problématiques liées au secteur. Mais, aucun sujet n'a réellement évoqué le problème central du manque de productivité volumétrique des scieries françaises (8,2 Mm^3 soit 6,8 en résineux et 1,4 en feuillus) au regard des performances, essentiellement en résineux, de leurs consœurs européennes[70] : allemandes (21 Mm^3), suédoise (18 Mm^3), finlandaise (11,5 Mm^3), autrichienne (9 Mm^3)[71].

La scierie française se démarque tout de même dans le secteur des feuillus où elle est en passe de reprendre sur la Roumanie le leadership européen perdu au début des années 2010.

---

[69] Le Bois international. La forêt privée. Forêt de France. Bois mag.

[70] « 2016, année de consolidation pour la scierie européenne ? » Le bois international, samedi 1er octobre 2016.

[71] Source : https://www.eos-oes.eu.

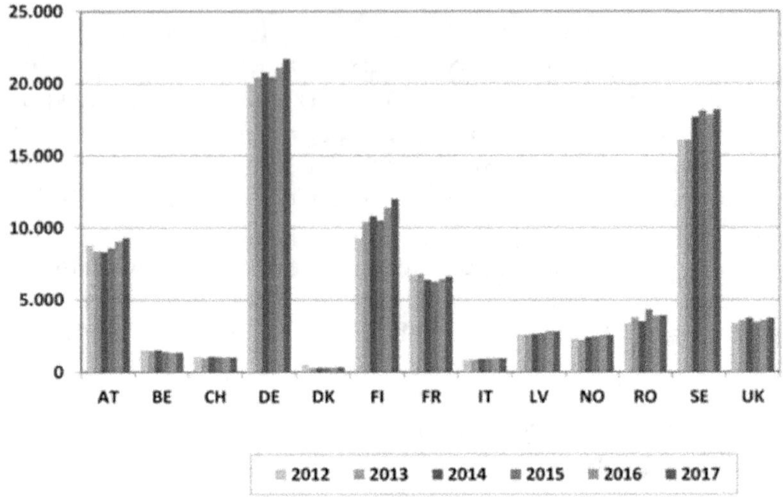

Volume de la production de sciages résineux dans les pays membres de l'OES 2012-2017 (000 m^3). Source EOS

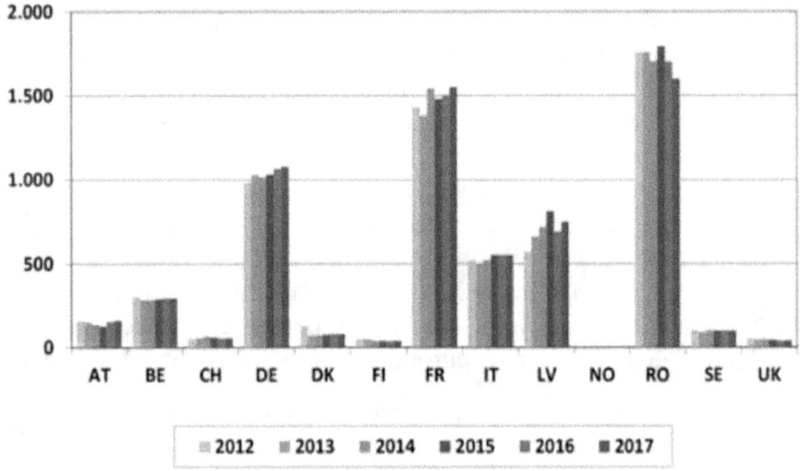

Volume de la production de sciages feuillus dans les pays membres de l'OES 2012-2017 (000 m^3). Source EOS

ÉROSION DES VOLUMES DE SCIAGES ET DU NOMBRE DE PRODUCTEURS

Perte de volume de sciage de la scierie française et poursuite de l'érosion du milieu

Avec une production en 2017 de 8,2 Mm^3 (6,8 Mm^3 de résineux et 1,4 Mm^3 de feuillus), la scierie française ne ''tient plus son volume'' de sciage de quelque 10 Mm^3 (sommet maintenu de 1973 à 2007), contrairement à ses consœurs européennes qui n'ont pas fléchi malgré la crise.

C'est au final une perte brute de près de 2 Mm^3 en 2017, chiffre du reste identique depuis 2010 ! Déconvenue certaine à la politique de ''relance de l'exploitation forestière''[72] enclenchée en théorie après les déclarations ministérielles et présidentielles : discours d'Urmatt du président Nicolas Sarkozy, le 19 mai 2009…

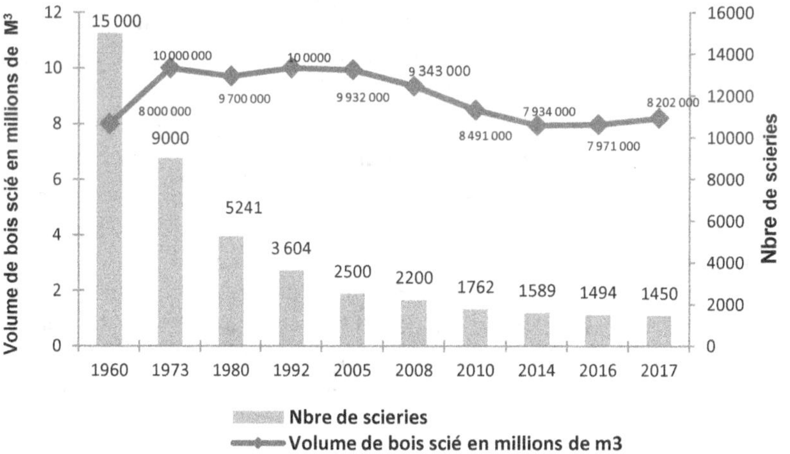

Évolution production et nombre de scieries entre 1960 et 2017.
Source Agreste et Observatoire métier scierie

[72] Rapport « Mise en valeur de la forêt française et développement de la filière bois », Jean Puech. Rapport remis à Monsieur Nicolas Sarkozy, Président de la République le 6 avril 2009.

Dans son étude spécifique de 2014 sur l'avenir des scieries[73], l'Observatoire du métier de la scierie envisageait dans le scénario le plus prévisible une production de 11 Mm^3 à l'horizon 2020, soit 8,8 Mm^3 en résineux et 2,2 Mm^3 en feuillus, soit encore pour être plus précis 1,9 Mm^3 supplémentaire en résineux et 0,8 Mm^3 en feuillus. Si l'on compare au volume total de sciages de 2017, 8,2 Mm^3, il faudrait débiter jusqu'à 2,8 Mm^3 supplémentaires, soit 30% de plus !

Force est de constater que le pari de 11 Mm^3 de sciages en 2020 sera impossible à tenir. Un point où le prévisionnel de 2014 sera malheureusement tenu, c'est la fonte du nombre de scieries, confirmant ainsi la perte de plus de 500 entreprises dans la décennie 2010-2020, soit près de 50 par an. Une petite consolation : ''l'érosion'' semble moins forte que dans les décennies précédentes où l'on a enregistré plus de 70 à 100 arrêts d'entreprises par an et même 400 à 200 dans les années 70-80.

Influence sur la balance commerciale

Dans les conditions évoquées précédemment comment s'étonner que la balance commerciale ''vire carrément au rouge'' en matière de sciages conifères, selon Agreste[74], entre juillet 2017 et juin 2018. Dans un contexte global d'un déficit de la filière bois de 6,7 milliards d'euros, les échanges de produits résineux se creusent de 14 % à 513 millions d'euros. Les déficits les plus importants se réalisent avec l'Allemagne (-135 M€), la Finlande (-96 M€), la Suède (-73 M€) et la Russie (-65 M€). Occasion d'observer que la concurrence française en matière de sciage ne vient pas de pays à bas coûts de main-d'œuvre (hors Russie), mais de pays où le droit du travail est voisin du nôtre. Pourquoi cet écart ? Est-ce dû aux coûts de transformation et de l'approvisionnement ? Est-ce dû à la puissance de production des outils industriels ? Ou encore sont-

---

[73] « La scierie française et la productivité », Maurice Chalayer, L'Harmattan 2014.

[74] Agreste conjoncture. Commerce extérieur. Octobre 2018-n°2018-144. Bois et dérivés-2/2.

ce les conséquences commerciales liées à l'efficacité, à la réputation tant du sciage que de la qualité du bois ?

Des importations de résineux qui au final répondent au regain d'activité dans le secteur du bâtiment, aux besoins accrus en bois de construction : sciages massifs et techniques (BMR, CLT, etc.) en direction de l'industrie et de la grande distribution.

Seuls les sciages feuillus affichent un bilan positif de 104 millions d'euros avec cependant un chiffre en retrait, par rapport à l'année précédente, de près 3 %. Un bilan qui montre la vitalité du secteur, contrairement à ce que les esprits chagrins colportent ! Sans pour autant masquer les problématiques des exportations de chêne qui, elles, ont subi une hausse de 36 % à 96 millions d'euros ! Mais aussi, un bémol à souligner concernant l'exportation de quelque 40 000 m^3 d'équarris (blocks) qui ne génèrent qu'une faible valeur ajoutée.

Million d'euros

	Exportations			Importations			Solde commercial		
	2016-2017*	**2017-2018***	Evol. %	2016-2017*	**2017-2018***	Evol. %	2016-2017*	**2017-2018***	Evol. %
Ensemble des produits	**335**	**344**	**+ 2,7**	**758**	**826**	**+ 9**	**-423**	**-482**	**- 14**
Sciages de conifères	**132**	**137**	**+ 3,2**	**582**	**649**	**+ 11,6**	**-449**	**-513**	**- 14,1**
Sciages bruts de sapin et d'épicéa	34	38	+ 12,7	288	312	+ 8,5	-254	-274	- 7,9
Sciages bruts d'autres conifères	77	71	- 7,6	151	147	- 2,9	-75	-76	- 2
Sciages rabotés de sapin et d'épicéa	9	7	- 18,6	41	43	+ 6,2	-32	-36	- 13
Sciages rabotés d'autres conifères	4	4	+ 9,2	41	46	+ 12,2	-38	-42	- 12,5
Sciages aboutés de conifères[(1)]	10	17	+ 73,3	61	101	+ 65,9	-51	-84	- 64,5
Sciages de feuillus tempérés	**198**	**203**	**+ 2,5**	**91**	**99**	**+ 8,6**	**107**	**104**	**- 2,8**
Sciages de chêne	149	152	+ 2,2	42	47	+ 12,8	107	104	- 1,9
Sciages de hêtre	32	32	+ 0,7	22	25	+ 12,6	10	7	- 26,6
Sciages d'autres feuillus tempérés	18	19	+ 7,9	27	27	- 1	-10	-8	+ 17,4
Sciages de bois tropicaux	**5**	**5**	**- 0,7**	**85**	**78**	**- 8,4**	**-80**	**-73**	**+ 8,9**

* données cumulées sur douze mois du 1er juillet au 30 juin.

(1) en 2015 et 2016 les bois poncés sont compris dans cette catégorie.

Source : Douanes/SSP

Million d'euros

	Exportations			Importations			Solde commercial		
	2016-2017*	**2017-2018***	Evol. %	2016-2017*	**2017-2018***	Evol. %	2016-2017*	**2017-2018***	Evol. %
Ensemble des produits	**303**	**329**	**+ 8,7**	**137**	**135**	**- 1,6**	**166**	**195**	**+ 17,2**
Conifères grumes et trituration	**95**	**85**	**- 10,5**	**73**	**72**	**- 1,9**	**22**	**14**	**- 38,7**
Sapin et épicéa	55	54	- 2,1	41	41	+ 1,6	14	13	- 12,5
Autres conifères	40	31	- 21,9	32	30	- 6,2	8	1	- 86,3
Feuillus tempérés grumes et trituration	**176**	**208**	**+ 18,4**	**20**	**21**	**+ 6,1**	**156**	**187**	**+ 20**
Chêne	71	96	+ 36,2	9	11	+ 32,7	62	85	+ 36,7
Hêtre	24	23	- 1,1	5	4	- 20,9	19	20	+ 3,6
Bouleau	5	3	- 29,8	0	0	+ 37	5	3	- 33,6
Peuplier	19	21	+ 11,8	3	2	- 30,4	16	19	+ 19,7
Autres feuillus tempérés	58	64	+ 10,8	4	4	+ 5,1	54	60	+ 11,2
Bois tropicaux grumes	**2**	**1**	**- 35,3**	**20**	**19**	**- 6,6**	**-19**	**-18**	**+ 4,3**
Bois énergie	**20**	**19**	**- 4,1**	**14**	**12**	**- 12,5**	**6**	**7**	**+ 15,7**
Bois traités	**10**	**16**	**+ 51,9**	**9**	**10**	**+ 10,5**	**1**	**5**	**+ 422,8**

* données cumulées sur douze mois du 1er juillet au 30 juin.

Source : Douanes/SSP

BILAN STATISTIQUE DES VOLUMES DE SCIAGES FRANÇAIS : Source Organisation européenne des scieries							
Sciages résineux				**Sciages feuillus**			
(en milliers de m³)	**2016**	**2017**	**2018** Prévisionnel	**(en milliers de m³)**	**2016**	**2017**	**2018** Prévisionnel
PRODUCTION	6 400	6 660	6 900	PRODUCTION	1 500	1 550	1 560
IMPORTATION	2 100	2 000	2 100	IMPORTATION	200	200	200
EXPORTATIONS	770	743	750	EXPORTATION	450	480	490
CONOMMATION	7 730	7 917	8 250	CONSOMMATION	1 250	1 270	1 270

Les raisons du déclin

Le chapitre précédent fait le constat du déclin, cette dernière décennie, du volume de sciage français et aussi des scieries en tant qu'unités de production. À la suite de ce constat, on doit s'interroger sur les raisons profondes de cette situation.

À plus forte raison lorsque l'on apprend en août (source : Fordaq) que l'excédent commercial de la filière bois autrichienne, avec entre autres ses 9,4 millions de m³ en sciages résineux, dépasse chaque année les 4 milliards d'euros. 6,7 milliards de déficits en France, contre 4 milliards de solde positif en Autriche[75].

[75] La filière bois est le deuxième pourvoyeur de devises de l'économie autrichienne : elle importe tout de même pour 6 milliards de produits à base de bois, mais exporte pour plus de 10 milliards en 2017. La moitié découle des exportations de papiers et assimilés, 3,22 milliards du bois proprement dit, 0,94 milliard des panneaux en bois matériau, 0,59 milliard des meubles et 0,34 milliard de la pâte à papier et de pâtes à base de bois.

Cette situation est-elle irréversible ?

Le chemin qui mène à reprendre une bonne fois pour toutes des parts de marché au bois d'importation est-il bouché à tout jamais ?

Sans avoir la volonté d'être exhaustif, plusieurs raisons (pas forcément hiérarchisées) peuvent être cependant évoquées :

-La crise des subprimes US puis la crise financière en Europe qui a fortement impacté le climat de confiance des Français dans les investissements et, plus particulièrement dans celui de la construction. Le graphique ci-dessous montre bien la chute des mises en chantiers après 2008 et la lente remontée. Une courbe que l'on peut mettre aisément en corrélation avec celle du volume de sciage ;

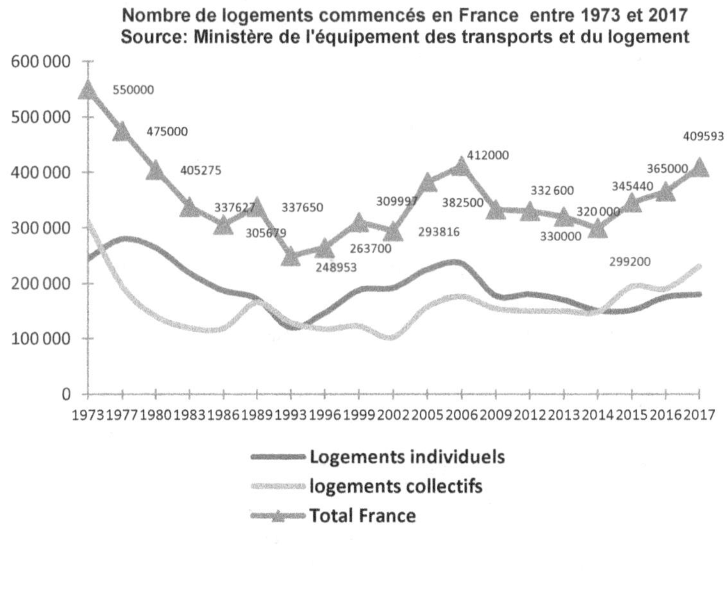

-La chute continue du nombre de scieries entraînant une incapacité à combler les pertes en volume de production, et ce malgré les investissements matériels pour le dépasser. Un constat qui pourtant ne prévalait pas jusqu'en 2008. Depuis les années 1970, le nombre de scieries fondait, mais pas celui du volume produit qui restait constant autour de 10 Mm^3.

-La crainte des producteurs à investir massivement ''à l'allemande'', même si ces dernières années, beaucoup de projets ont émergé, en particulier dans la cantérisation du résineux, le séchage, la granulation, l'énergie et le collage du bois, mais aussi dans le feuillu, mais en bien moins grand nombre.

Alors que le secteur de la transformation du résineux a gagné en trente ans 1,5 Mm^3 de sciages celui de la transformation du feuillu en a perdu autant : ce dernier végète à présent autour de 1,3 Mm^3. Est-ce comme certains le pensent, à cause du manque de ressource (chêne en particulier) qui empêche le développement des scieries ? Est-ce le manque de moyen de production et de revalorisation ? Est-ce aussi à cause de l'exercice d'un métier trop orienté sur l'exploitation forestière et le commerce de grumes et pas assez sur la transformation elle-même ? Sans parler de l'absence de débouchés valorisants, d'actions marketing, de démarches commerciales, de référencement technique ?

-La frilosité des investisseurs à miser sur le secteur du sciage au regard de la faible rentabilité des capitaux investis sans imaginer que la situation puisse s'améliorer, y compris lorsque la modernisation des équipements aura été réalisée !

-Le ''barrage'' aux grands projets d'investissement : cas ERSCIA dans le résineux (Morvan), cas POLLMEIER dans le feuillu (Vosges). Devons-nous, avec le recul nécessaire, nous réjouir de ces deux abandons de taille, l'un d'un gros scieur belge et l'autre du plus gros scieur allemand de hêtre ? Des investissements qui auraient pu sans doute booster la capacité de production nationale.

-L'insuffisance des prélèvements de bois montrés du doigt par les scieurs : surtout dans le secteur du feuillu, mais aussi dans celui du résineux. Les inventaires semblent montrer que la ressource existe en forêt, mais qu'elle n'est pas offerte au marché : est-ce parce que les prix sont (considérés comme) insuffisants, est-ce la réticence à intervenir en forêt, est-ce une méfiance vis-à-vis des marchands de bois ?

-Le maintien à des niveaux hauts des importations de sciages résineux : Allemagne et pays nordiques.

-Les évolutions des marchés utilisateurs de bois sont-ils bien identifiés ?

-Des difficultés à construire des partenariats collaboratifs entre l'amont (secteur de la propriété de la ressource) et l'aval (secteur de la première transformation) ;

-Le rejet des gros et très gros bois résineux ''tout venant'' qui ne correspondent plus aux critères de sélection des scieries de résineux possédant pour un bon nombre une ligne de ruban à grumes…

-La brouille au sein même de la profession entre exploitants forestiers-scieurs et certains exploitants forestiers purs (créant même leur propre syndicat[76]) révélant des antagonismes forts comme une concurrence exacerbée sur la matière, notamment le chêne.

-Le déclin a certainement d'autres raisons. Mais force est de constater que la reculade est bien présente en matière de production volumétrique. Pourtant, elle ne fait l'objet de presque aucune réflexion, d'aucun débat, séminaire, rapport, thèse ou états généraux. Comme si on craignait d'exposer des vérités trop crues, car, dans cet amont de la filière bois, de fortes personnalités à l'égo parfois démesuré écrasent les débats.

On nous expose trop souvent, faut-il le préciser, surtout dans le secteur du feuillu, l'impossibilité d'investir, car en concurrence directe avec les pays à bas coût. Mais est-ce vraiment une raison valable, recevable eu égard aux concurrents européens qui, eux, ''s'en sortent'' mieux que les scieurs français et sont même excédentaires, à l'exemple de l'Autriche !

Pourquoi alors au sein même de la filière, une industrie comme celle de la tonnellerie a su trouver les ressorts (technologiques, financiers, institutionnels, etc.) pour moderniser complètement sa production de merrains qui est passée en moins de deux décennies d'un système artisanal voire

[76] Le Syndicat de la filière bois (SFB) a été créé le 10 mars 2016 par des adhérents du collectif protection de la filière bois (ex CPF Bois).

ancestral de fendage dans des petits ateliers annexés aux scieries de chêne à un système industriel de travail en ligne incluant optimisation, automatisation, fendage et sciage modernes[77] ?

Au final, les seules dernières questions à poser et qui résument la problématique sont :

- *Pourquoi avec 17 millions d'hectares de forêts (la troisième réserve d'Europe) et près de 90 millions de m^3 de production biologique par an, la scierie française avec quelque 8 millions m^3 de sciages se classe-t-elle seulement en cinquième position derrière les principaux producteurs européens ?*
- *Pourquoi aucun groupe de sciage du résineux ne se trouve dans le top 20 européen ?*
- *Pourquoi, la transformation du résineux ne monte-t-elle pas en puissance comme chez nos voisins européens ?*
- *Pourquoi et alors que le CLT monte en puissance dans toute l'Europe en annonçant une production de 1 Mm^3 en 2020, la France n'en sera-t-elle qu'à environ 60 000 m^3 ?*
- *Pourquoi la transformation du feuillu a-t-elle perdu en trente ans 50% de son volume de sciage ? Cet état de fait rappelle que bon nombre de menuiseries industrielles ne trouve pas en masse des contrecollés comme ce menuisier industriel du Rhône interviewé par Bâti-journal dans le cadre du salon lyonnais ''Eurobois 2018'' ? (http://chalayer-scierie.chez-alice.fr/)*

---

[77] Le merrain, fleuron discret de la filière Bois, La forêt privée, N°363 Septembre-octobre 2018.

ARBRE DES CAUSES DU RETRAIT DE VOLUME DES SCIAGES FRANÇAIS entre 2008 et 2016

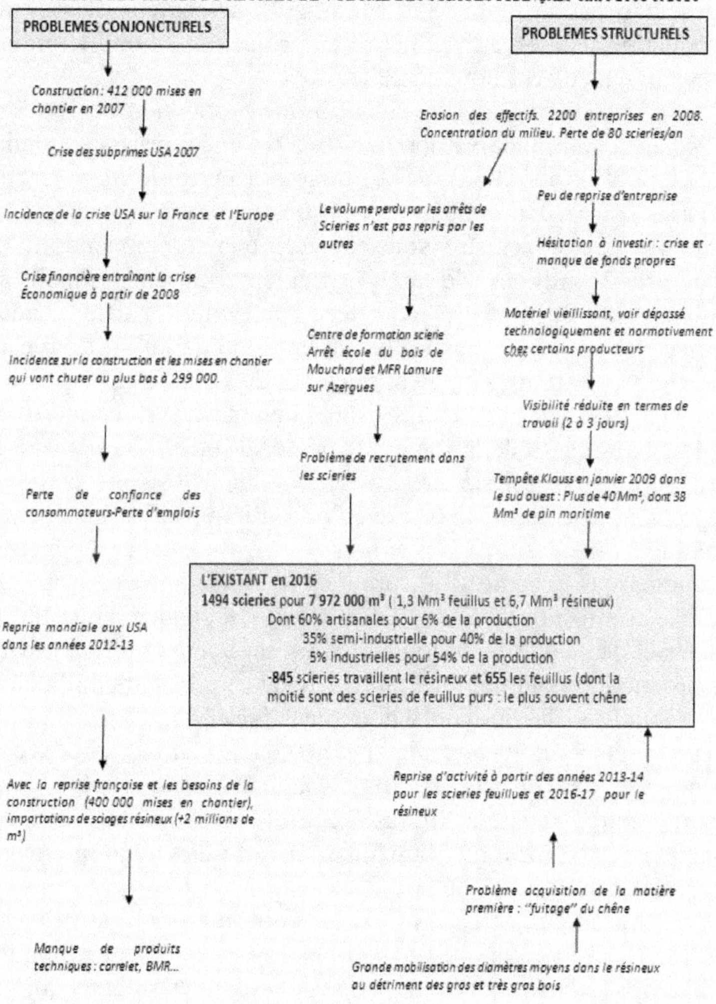

ANALYSE PRÉVISIONNELLE, selon l'Observatoire du métier de la scierie, POUR UN RETOUR DE PRODUCTION DE 10 Mm^3

La partie ci-après permet d'observer en 2016 le volume de sciage et le nombre d'entreprises selon leur classe de production. L'idée est de mettre en projection ce que le milieu pourrait devenir à l'horizon 2025.

Afin d'envisager un retour à une production de 10 Mm^3 de sciages en France à l'horizon 2025 (et une reprise de volume aux bois d'importation), et ce malgré la perte de plus de 500 scieries entre 2016 et 2025 (option très favorable, car il est fort possible que ce chiffre soit plus élevé !) il conviendrait de produire 2 millions de m^3 supplémentaires par rapport au volume de 2016. Si on reporte cette évolution dans chaque classe, les scieries industrielles et semi-industrielles, au regard des modernisations, devraient regagner du volume.

Cependant le secteur artisanal ne pourra pas reprendre du volume au regard de la fonte prévue de ses effectifs, même si la production par scierie progressera. Une chose est certaine, reprendre du volume de sciage au bois d'importation imposera à chaque classe des efforts réguliers d'investissements productifs. La remarque récente d'un producteur de sciages résineux en scierie semi-industrielle confirme que « chaque fois qu'un matériel de sciage est renouvelé, c'est un bond significatif dans la production volumétrique qui s'affiche en plusieurs milliers de m^3 annuels ». Encore faut-il pouvoir le faire !

Faits et évènements ne manquent jamais pour venir contrarier des projets, le plus souvent très avancés : crise économique, tempête, fonds propres insuffisants, déboires financiers, moyens humains, santé des entrepreneurs, transmission...

Au mieux, ces contraintes impromptues retardent les projets, les reportent, ou les annulent tout bonnement. Combien d'exemples illustrent ces propos avec toutes ces scieries qui ont disparu depuis les années 1970 et la fin des ''trente glorieuses'' et cela continue ?

TABLEAU COMPARATIF DES VOLUMES DE SCIAGE ET DU NOMBRE DE SCIERIES ENTRE 2016 ET A L'HORIZON 2025 Source : Agreste et Observatoire du métier de la scierie						
Classe (selon l'Observatoire du métier de scierie)	**Volume de sciage** Source Agreste	**Nombre de scieries en 2016** Source Agreste	**Production m³ scierie en 2016** Source Agreste	**Prévision nombre de scieries à l'horizon 2025** Selon Observatoire métier scierie	**Prévision production à l'horizon 2025** Selon Observatoire métier scierie	**Prévision augmentation moyenne** de volume en m³ sciés par scierie
ARTISANALE	1 à 1999 m³	**899** (60%)	**490 000** (6%)	**530** (53%)	**400 000** (4%) (-90 000 m³ par rapport à 2016) (-18%)	**755** 755 au lieu de 545 en 2016, soit 210 m³ de plus / scierie
SEMI-INDUSTRIELLE	2000 m³ à 19 999 m³	**520** (35 %)	**3 204 000** (40%)	**400** (40%)	**4 100 000** (41%) (+ 896 000 m3 par rapport à 2016) (+28%)	**10 250** 10 250 au lieu de 6 162 en 2016, soit 4 088 m³ de plus/ scierie
INDUSTRIELLE	20 000 m³ et +	**75** (5%)	**4 278 000** (54%)	**70** (7%)	**5 500 000** (55%) (+1 222 000 m3 par rapport à 2016) (+28%)	**8 571** 78 571 au lieu des 57 040 en 2016, soit 21 531 m³ de plus/ scierie
		1 494 unités	**7 972 000 m³**	**1 000 unités** (-494scieries par rapport à 2016 (-33%)	**10 000 000 m³** (+2 000 000 m³ par rapport à 2016) (+25%)	

Des freins à lever et des accompagnements à trouver

Regagner du volume de sciage (2 Mm^3 pour retrouver le niveau de 2008) passera par une poursuite-intensification de la modernisation des ''unités restantes'' et ''l'installation-création'' de nouvelles unités, tant dans le résineux que dans le feuillu.

Un débat à ouvrir très certainement, eu égard aux tensions que cela crée tant au niveau des zones d'approvisionnement à se partager, des rapports avec les producteurs en place (surtout pour les petites et moyennes structures qui voient une ressource ''leur passer sous le nez'', faute d'avoir ''les reins assez solides'' pour ''mettre le prix'' : situation dévastatrice pour l'aménagement du territoire) et des pressions environnementales, car aujourd'hui le consommateur ''proche des produits biosourcés'' et le bois en fait partie ne veut pas avoir une entreprise industrielle[78] à sa porte à cause des pollutions sonores et visuelles !

Retrouver le volume de sciage d'avant crise et pourquoi pas le dépasser en vue de moins dépendre des produits d'importation obligeront à lever un certain nombre de freins.

Quelques-uns sont soulevés dans le schéma systémique ci-après et les ignorer revient à ne regarder la problématique que par le petit bout de la lorgnette.

Certains freins ont déjà été soulignés dans « les raisons du déclin » des scieries et peuvent être repris ici, afin d'entraîner une autre étude plus détaillée et collaborative avec les producteurs.

[78] Une entreprise industrielle aux yeux de l'administration n'est pas celle que cette étude met en avant (au regard des volumes). Un scieur lozérien, en effet, a été surpris en 2016, de se voir rattraper par le service des impôts sous prétexte que son entreprise d'une dizaine de salariés, parce qu'elle avait changé de déligneuse et monté une chaîne de tri était passée d'une entreprise artisanale à une entreprise industrielle !

FREINS A LEVER POUR ATTEINDRE LES 10 Mm^3 de sciages

L'EXISTANT en 2016

1494 scieries pour 7 972 000 m^3 (1,3 Mm^3 feuillus et 6,7 Mm^3 résineux)

Dont 60 % artisanales pour 6 % de la production

35 % semi-industrielle pour 40 % de la production

5 % industrielles pour 54 % de la production

EN INTERNE

- Succession
  Transmission
  (deux gros freins à l'investissement : pourquoi investir si le scieur ne sait pas ce que sera demain !)
- Faiblesses capitalistiques réelles ou investies dans d'autres domaines : immobilier par exemple
- Vétusté de certains matériels
- Regard pas assez tourné vers les besoins de l'aval
  Et peu de travail coopératif avec les utilisateurs à l'image des mérandiers étroitement associés avec des tonneliers
- Taille critique des entreprises pour envisager des investissements pourtant nécessaires
- Travail en équipe à plus développer lorsqu'il y a une grosse demande. Avantages : augmentation de la production et amortissements beaucoup plus rapides, mais encore faut-il avoir le personnel productif, à la maintenance et pour l'encadrement !!
- Projets collaboratifs pas assez développés
- ''Peur'' d'une nouvelle crise pouvant mettre à mal une entreprise ayant fortement investie

EN EXTERNE

- L'approvisionnement problématique en scierie de chêne : ''fuitage'' vers l'Asie (Chêne en particulier)
- L'approvisionnement incertain. Problème entre l'évaluation (surface et volume) de la ressource et la réalité du prélèvement
- Montée des pressions environnementales et sociétales
  Actes de vandalisme
- Plus d'acteurs dans la mobilisation du bois : traders, exploitants forestiers purs, coopératives, mérandiers...
- Forte imposition normatives, fiscales...
- ''Barrage'' aux grands projets d'investissement ! ex ; Erscia, Pollmeier !!
- Trouver, encourager, suivre des investisseurs français ou étrangers
- Frilosité des banques
- Longueurs et complexité des montages de dossiers !!
- Peu de motivation de salariés pour faire carrière en scierie : scieur, affûteur, classeur...
- La formation scierie en régression. Des écoles ont fermé faute d'élèves
- Attractivité pour le métier
- Maintien des importations de sciages et de produits techniques à des hauts niveaux faute d'avoir le volume suffisant en France
- Certains marchés aval peu dynamiques : meuble, ossature bois
- Eparpillement des forces autour de la promotion du bois, local, national !!

L'EXISTANT Prévisionnel en 2025

1000 scieries pour 10 000 000 m^3 (1,8 Mm^3 feuillus et 8,2 Mm^3 résineux)

Dont 53 % artisanales pour 4 % de la production

40 % semi-industrielle pour 41 % de la production

7 % industrielles pour 55 % de la production

RÉPARTITION PRÉVISIONNELLE production feuillus et résineux à l'horizon 2025

Le tableau ci-après, montre comment pourrait se répartir la production résineuse et feuillue dans l'option de production à 10 Mm^3 à l'horizon 2025.

Prévision de production de sciages à l'horizon 2025				
Essences	**2017**	**2025**	**Évolution en m^3**	**%**
Feuillus	1 400 000	1 800 000	400 000	+28
Résineux	6 800 000	8 200 000	1 400 000	+21
Total	8 200 000	10 000 000	1 800 000	+22

Un ''plan de progression sciages''

Tout, en effet, ne se résoudra pas en augmentant technologiquement les volumes. Encore faudra-t-il renforcer, solidifier et pérenniser l'existant. Accompagner les entrepreneurs, surtout les artisans et les semi-industriels qui, ''patrons ouvriers'', sont au cœur de leur organisation productive en véritable « chef d'orchestre » en ayant beaucoup de mal à se décentrer afin de porter leur regard sur l'avenir… En tout état de cause ''l'affaire ne pourra pas être jouée'' seul ! Il faudra du collectif et pourquoi ne pas envisager un ''Plan de progression sciage'' visant l'objectif « + 2 millions de m^3 à l'horizon 2025» ?

Un plan qui ne pourra que se construire autour des systèmes de production prenant en compte :

-les débouchés ;

-la ressource forestière ;

-les moyens financiers ;

-les aides financières ;

-la culture de l'entreprise et son positionnement ;

-les moyens humains ;

-la qualification des salariés, et l'attractivité au métier.

Un plan qui ne pourra ''fonctionner'' que si les partenaires de l'aval, c'est-à-dire ceux qui font le marché, sont associés. C'est par ailleurs ce qu'a suggéré M.Philippe Siat, scieur industriel et président de la Fédération nationale du bois, à l'assemblée générale de décembre 2018 « c'est à l'aval de tirer la filière et nous devons tous y contribuer ».

Au final si le volume est dépassé ce sera très bien, s'il ne l'est pas et reste dans les mêmes niveaux qu'actuellement, un rendez-vous aura été manqué et l'on pourra encore longtemps disserter sur l'incapacité française à monter en volume de sciage en comparaison aux confrères européens qui eux y arrivent…

Sans pour autant perdre de vue que ''l'Allemagne du sciage'' est ce qu'elle est aujourd'hui grâce à la Réunification, au subventionnement, aux aides à l'emploi et surtout aux contrats d'approvisionnement très favorables et de grande envergure. Des groupes le plus souvent très fragiles qui pendant la crise ont déposé leur bilan ou changé de propriétaire, ou encore migré vers des horizons plus porteurs, cas de Klausner qui avant la crise était le deuxième plus gros scieur d'Europe avec 4 Mm^3 et qui aujourd'hui n'existe plus en Europe, après s'être déporté aux USA en Caroline du Nord[79].

Faut-il poursuivre une stratégie ''au fil de l'eau'', du style ''on verra bien'' ou vraiment prendre ''à bras le corps'' le problème de la production en considérant dès à présent que la concentration va se poursuivre et que le volume diminuera mécaniquement ? En tout cas c'est ce que la décennie qui vient de s'écouler nous a enseigné ; les entreprises restantes ont été incapables globalement (artisanales, semi-industrielles et industrielles) de reprendre le volume de 2007 : même si nous avons mesuré des progrès dans le secteur industriel[80].

---

[79] « La valse des scieries industrielles en Europe et aux États-Unis » Le bois international, samedi 27 avril 2013.

[80] « Les scieries industrielles européennes investissent dans les bois techniques » Le bois international, samedi 13 octobre 2018.

Au regard de la démarche de l'Observatoire du métier de la scierie qui s'inscrit dans l'objectif d'une croissance à 2 Mm^3 de sciages, des questions clés seront à se poser :

-Est-ce que l'autofinancement sera suffisant pour autoriser l'expansion voulue, ou est-ce qu'il est nécessaire de trouver des fonds propres extérieurs ?

-Les investissements correspondants à l'augmentation de production permettront-ils s'ils sont pertinents d'arriver à des niveaux de compétitivité et de rentabilité corrects ?

-Les entreprises pourront-elles supporter une hausse des taux d'emprunt ?

-Comment mettre en œuvre les mesures nouvelles du gouvernement, en faveur de la transmission d'entreprise, dans le secteur de la scierie, où la question devient urgente ?

-Quelles mesures, décisions, actions, réorganisation (y compris au sein de la filière) seraient nécessaires, pertinentes, efficaces, pour réduire la « fragilité » et la « vulnérabilité » constatées par l'analyse du milieu par la Banque de France ?

Autant de questions qui renvoient aux freins externes et internes qu'il conviendra d'identifier, de classifier pour bien adapter les mesures d'accompagnement.

Action interministérielle forêt-bois en faveur de l'emploi et des territoires

« Le plan d'action interministériel forêt-bois ou la filière forêt-bois au service de l'emploi dans les territoires et d'une économie décarbonée » mis en action par Le Gouvernement, le 16 novembre 2018, devrait aller dans le sens d'un accompagnement étatique entre 2018 et 2022. L'acte II « Développer les marchés finaux, soutenir l'innovation et l'investissement » et surtout l'action 7 « Accompagner les projets de ''scieries du futur'', ainsi que l'action 8 « Renforcer l'industrie de première transformation, 100 M€ seront mobilisés via le Grand Plan d'Investissement au titre de prêts participatifs ».

Un projet qui arrive à point. Sera-t-il le ciment qui pourrait rendre plus forte et plus performante la scierie française en termes de volume de sciage et corollairement en termes de productivité et de rentabilité ?

Sans oublier l'activité générée, les emplois directs et indirects, car selon la probable perspective d'une perte de 500 scieries d'ici 2025, ce sont 500 communes qui vont perdre une unité de transformation (petite, moyenne, grosse), et qui seront donc affectées en termes d'emploi, mais aussi avec les sous-traitants (transporteurs, fournisseurs d'outils, de machines par exemple), alors qu'il suffirait parfois d'un soutien au chef d'entreprise, par un conseil en management, ou en stratégie industrielle, ou en passation d'entreprise, pour éviter la fermeture.

Ce sujet mériterait lui aussi un traitement particulier afin de mettre en perspective les aspects humains, productifs et économiques.

Mise en commun entre fournisseurs de bois, scieurs et fabricants de matériels autour de ''la scierie à 2025''

CONTRIBUTIONS Étude ''SCIERIE 2025''

Quinze acteurs professionnels gravitant dans et autour de la scierie ont apporté une contribution écrite à la partie ''Scierie 2025''.

Michel Junet : Scieur, négociant bois, GSB

Il faut, en effet, être un peu visionnaire et prendre le train quand il passe ...

J'ai lu le dossier ''la scierie 2025''. J'espère que cela va enfin faire réagir notre filière et surtout nos politiques, pour qu'ils mettent en place une politique meilleure, et arrêtent cette hémorragie.

Ne pas oublier que les petits ruisseaux font les grandes rivières !

Et il n'y aura bientôt plus de petits ruisseaux. Je suis un peu plus pessimiste sur la fin et j'ai bien peur qu'en 2025 nous en soyons au même point qu'aujourd'hui. Voire guère mieux, environ 8,5 Mm^3.

Marc Siat

Pour ma part, je pense :

-Que les grosses scieries vont continuer à se concentrer pour pouvoir lutter à armes égales avec les ''gros de l'aval'' (Saint Gobain, Adeo, etc.), qui poursuivent leur concentration et vont connaître une concurrence de plus en plus accrue des purs Players : type Amazon. Les marges vont baisser, les prix aussi, et la demande va continuer à migrer vers toujours plus de services (gestion de stock déportée chez le client, livraison du chantier), et toujours plus de technicité (CLT, etc.). L'environnement va devenir de plus en plus concurrentiel et difficile. De gros investissements sont en cours et vont rajouter de la capacité de bois brut sur un marché en décroissance. Ça ne va pas être la fête dès que le bâtiment va commencer à baisser…

- Qu'il y a un vrai créneau qui va continuer à exister pour les petits scieurs, à condition de ne pas essayer de concurrencer les gros. Il faut faire du service, en local, livrer les artisans, rapidement, avec tous les moutons à cinq pattes. On aura toujours besoin de madriers sciés en local à condition de livrer en direct l'artisan ou, mieux, le chantier avec un service impeccable.

- Que les scieries semi-industrielles seront celles qui auront le plus de mal, car il leur faudra choisir entre les 2 modèles. Elles n'auront jamais la structure de coût des grosses scieries (pas de cogénération, etc.) ni la flexibilité et le service des petits. Ceci étant dit, il existera des niches, et c'est cela qu'il faudra chercher. Le produit innovant, la coordination avec un client aval spécifique, l'intégration verticale, etc.

Quoi qu'il arrive, je pense, effectivement qu'il y a de place pour tout le monde, et ce n'est pas nécessairement là ou on pense que ce sera le plus dur.

Hervé Pépin : Scierie Pépin

Concernant le feuillu, il semble qu'il est plus difficile d'industrialiser (et donc d'augmenter les volumes) la transformation du chêne que celle du hêtre. Pour augmenter le volume de sciage de chêne, il faut que la ressource soit là (non disponible à l'ONF pour plusieurs années et disponible dans le privé si les prix sont élevés comme actuellement et si les propriétaires deviennent des producteurs avec une vision de rentabilité de leurs parcelles (problème du morcellement). Il faut aussi que cette ressource soit transformée en France (Lapalissade).

Le tri de qualité, primordial dans le chêne, freine le processus de sciage. Même les scieries industrielles scient planche après planche. L'une d'entre elles qui ne sciait que des petites épaisseurs (27 mm à la scie de premier débit) pour éviter la « perte de temps » de la réflexion est revenue à un sciage toutes épaisseurs.

Il faut voir l'ouverture du bois à chaque trait de scie et une grume peut être en 1er choix d'un côté et en qualité traverse de l'autre. C'est l'opérateur qui choisit le produit au fur et mesure du sciage d'où un temps de réflexion (certes faible). Il faudrait des scanners très performants pour voir l'intérieur du bois (surtout les gros bois) et pour pouvoir automatiser.

De plus, la dureté du bois et le fait que l'on recherche les gros bois (pour des raisons de rendement et de revalorisation) interdisent une vitesse de sciage aussi rapide que pour le résineux : le matériel de sciage ne le permet pas. Ceci est moins vrai pour le hêtre où l'industrialisation type Pollmeier est possible. De plus, depuis la crise due à la tempête de 2000 et à la chute du marché chinois, des volumes conséquents sont disponibles en forêt, il faut retrouver des débouchés : c'est la volonté par exemple des Vosges. Actuellement, les scieries de chêne sont quasi au maximum de leurs possibilités. Pour augmenter le volume, il faut construire d'autres lignes de sciage (coût !!). Qui peut et veut construire une scierie complète ? Les plus grosses scieries de chêne ne transforment pas plus de 200 m^3 par jour, volume ridicule par rapport au résineux. L'exploitation en forêt est également beaucoup plus lente (abattage manuel) et le problème des bûcherons sera primordial à traiter dans les années à venir. Concernant le peuplier, une grosse partie des grumes quitte la France (Italie). Que faire pour transformer en France ? Les autres essences ne représentent pas à mes yeux de volumes suffisants pour peser dans la balance. Voilà quelques réflexions (pessimistes, mais, je pense, réalistes), mais je suis certain que les scieries doivent continuer à investir pour subsister. Il faudrait également avoir des certitudes sur l'avenir fiscal, règlementaire, etc. Mais c'est un autre débat.

Patrick Serré : Sera-Gillet

Je confirme après relecture que cette étude me paraît correcte. Toutefois, il serait possible d'augmenter le volume sciage de feuillus en France d'une manière significative, en effet les équipements des scieries de feuillus sont relativement anciens. Celles-ci vont devoir les remplacer, nous pouvons maintenant leur proposer des installations plus automatisées. Des installations qui vont permettre de baisser considérablement le coût de sciage et répondre à la problématique du manque de personnel qualifié. Il en va de même pour les gros résineux qui sont peu exploités aujourd'hui. Ces investissements sont moins massifs que dans le petit et moyen bois et donc plus facilement supportables. Ce

qui limite la production de beaucoup de scieries chêne c'est souvent la déligneuse qui est à introduction manuelle sans aucune assistance : de plus, souvent par manque de capacité ou de lames mobiles, elles travaillent avec un circuit de recycle bien trop souvent. L'arrivée de scanner et d'imagerie performante devrait permettre de passer l'opérateur en cabine et d'intégrer des entrées de déligneuse assistées ou automatiques, ce qui va considérablement augmenter la productivité de ces machines.

Dominique Mathieu : Scierie Mathieu

Très intéressantes les informations concernant l'érosion des volumes de sciages, et surtout la disparition de 90 % des scieries en 60 ans…

On voit aussi que la forêt privée est trop morcelée et n'est pas gérée par des professionnels. Chaque succession entraîne des divisions qui deviennent infimes.

Il est vrai qu'il faudra trouver des accompagnements afin d'aider les scieries à investir pour arriver aux 10 Mm^3, car jusqu'à présent toutes les entreprises en difficulté ont été fermées et aucune reprise…

Jonathan Bleez : VBI

Dans les feins à lever – je me rends également compte qu'il n'y a pas assez de ''lobbying'' autour du bois, de ses métiers et de ses formations, ce qui fait diminuer l'attractivité des Français pour cette activité. Diminution des intérêts pour ce domaine d'activité = diminution des formations = diminution des compétences = diminution du personnel qualifié (mis à part le patron) = scierie qui ne produit pas bien ou pas suffisamment.

Car les fabricants (je parle pour ceux que je connais, Primultini ou Kallfass par exemple) travaillent sur l'amélioration et l'évolution des conditions de travail en scierie : la scierie s'automatise, évolue avec son temps (application sur téléphone, mise en ligne sur Cloud des données de production, etc.)

Et je pose également une question sur le syndicat qui représente la transformation des feuillus, le chêne plus particulièrement : est-il suffisamment dynamique ?

J'ai participé aux assises du douglas en fin d'année dernière, où j'ai pu voir une association qui ''bouge'' (car le douglas est un challenger, par rapport aux autres essences) – elle fait des études intéressantes pour trouver de nouveaux débouchés, elle communique, travaille avec l'ensemble de la filière bois (des forestiers jusqu'à l'architecte). Existe-t-il cela pour le feuillu ?

Hervé Lauriot : LBL

Pas de problème pour scier plus, mais il faudrait (comme cela se fait en Allemagne) travailler en 2 x 8 ou 3 x 8 : seulement quelques grosses scieries en France le font. Avantages : augmentation de la production et surtout amortissement beaucoup plus rapide... Bon, il faut qu'il y ait du travail, mais encore faut-il avoir le personnel productif, la maintenance, et l'encadrement...

Philippe Poncin : Scierie Poncin

Mon point de vue sur les scieries en 2025 (c'est demain !)
Les grosses scieries (industrielles, production de masse) devront continuer à grossir pour pouvoir lutter contre les mastodontes de l'Europe du Nord et de l'Est si elles veulent être capables de lutter armes égales sur le marché du standard. Elles devront également aller plus loin dans l'innovation des produits de construction « elles seules auront les moyens de faire de la Recherche et Développement ». Il y aura une grosse scierie par grande région.

Les scieries moyennes (semi-industrielles) : je pense que ce sera la situation la plus délicate ! Trop grosses pour faire de l'épicerie et trop petites pour faire du standard face aux gros qui ont un coût de production plus faible. Il faudra trouver un compromis entre les deux ?

Quant aux petites scieries, elles ont une carte à jouer (scierie de proximité, de service de conseil, clientèle locale) ; les scieries pourront revaloriser leur produit par leur réactivité, par la livraison sur chantier, sur des marchés de niche avec les essences locales.

Elles devront avoir un stock permanent de bois de charpente traitée, du lamellé collé, contre – collé, bardage, terrasse, etc. pour pouvoir répondre rapidement sur le marché de la rénovation.

Yves Poss

Ne serait-ce pas le moment d'examiner les objectifs de la politique forestière?

Au moment où devrait s'engager un grand débat national, ne serait-ce pas le moment d'examiner les objectifs de la politique forestière ? Est-il pertinent d'afficher, contre une sensibilité partagée de la société, un objectif de récolte accrue (qui ne se concrétise pas) ?

Je suggèrerais, pour ma part, et dans le contexte urgent du changement climatique, de mettre en priorité une gestion de l'ensemble des forêts françaises, en particulier métropolitaines. Ce qui renverrait chacun à sa responsabilité de propriétaire, qui n'existe pas avec l'objectif global de récolte: il s'agirait d'appeler tout détenteur de parcelle boisée à gérer, dans les faits, son patrimoine. Sans mettre en première ligne la récolte: elle sera une conséquence. Car qui parle gestion, et durabilité de la forêt, doit nécessairement apprécier la densité de son peuplement, et anticiper sa régénération : les coupes d'amélioration et de régénération deviennent les conséquences de la prise en considération d'une bonne gestion. De plus, il faudrait, non pas apporter les conclusions, mais ouvrir un large débat sur la meilleure manière, pour les forestiers, de contenir l'effet de serre, et d'anticiper le changement climatique :

- accroître la captation de gaz carbonique avec des peuplements à forte croissance ;
- stocker le carbone en forêt, dans les parties aériennes ou souterraines ;
- stocker dans les produits en bois, sciages ou papier ;
- éclaircir les peuplements pour que chaque tige résiste mieux aux sécheresses annoncées ;
- faire évoluer la composition des peuplements pour qu'ils supportent les nouvelles conditions "stationnelles".

Les pistes à suivre sont diverses, et méritent d'être connues, appréciées selon les situations.

Avec un discours partagé sur une forêt mieux gérée, au bénéfice anticipé des générations à venir, il est, à mon sens, fort probable qu'une implication collective aurait plus de chance d'émerger, et finalement de provoquer la récolte qui est, actuellement et bien vainement, seulement invoquée.

L'attrait pour la forêt de nos concitoyens est manifeste : les professionnels se doivent d'offrir un discours qui puisse être compris, partagé, approprié. Ce n'est pas le cas avec un objectif de récolte: celui-ci ne peut être que l'effet d'une bonne gestion. Je suis convaincu qu'il faudrait accepter d'entendre les incompréhensions.

Éric Cartallier : Scierie Colas

J'ai lu attentivement cette étude. Les chiffres reflètent bien la réalité et la mettent en perspective. Quelques éléments sont à apporter quand nous comparons la scierie française et les leaders en production européens. Vous les survolez, mais pour moi ils sont importants et centraux :

1- L'aspect de filière ou plutôt de la non-filière française :

-Approvisionnement basé sur la surenchère et la spéculation : comment accepter une inertie, une tradition des ventes de bois où le postulat de départ est d'acheter plus cher que son collègue pour approvisionner son outil de production et ses salariés. Acceptons-nous cela en tant que consommateurs et quelle autre filière fonctionne comme cela ?

-Incapacité de l'ONF à nous proposer en feuillus des contrats ou des ventes à l'unité de produit (U.P) sécurisant nos achats.

-Comment développer un volume quand plus ce volume augmente, plus il coûte cher ?

-Comment parler de filière quand les scieurs sont concurrents de leurs clients de la 2ème transformation ? Sciage de blocks alors que la demande est importante sur les avivés larges pour le parquet.

-Relation avec les exploitants.

-Des inventaires forestiers faux depuis 25 ans. Comment investir et parier sur l'avenir quand nous ne savons pas ce que nous aurons à scier dans le futur ?

-Manque d'intégration, de concentration, de regroupement, de partenariats.

2-Le contexte :

-Comment développer une activité en limitant le temps de travail à 35 h ? Comment scier plus quand le plus coûte plus cher en approvisionnement et en heures supplémentaires ?

-Comment développer et investir quand suivant la taille de l'entreprise scierie (artisanale, semi-industrielle ou industrielle), les accès en termes de trésorerie ou de prêt ou de subvention ne sont pas les mêmes et de même niveau ? Regarder la concurrence dans le résineux, entre les scieurs industriels, avec du matériel changé tous les 2 ans et subventionné à 65 % et les scieurs semi-industriels.

-Comment développer quand le seul souci est l'approvisionnement et ses incidences sur la trésorerie par la hausse et la surenchère.

Le chêne et sa spéculation à laquelle tout le monde participe : la Chine pour un certain pourcentage, mais les "stockeurs" de plots aussi qui ne veulent pas voir leurs stocks baisser en valeur, car toute leur comptabilité et toute leur rentabilité affichées en dépendent. Et aussi les tonneliers, dont les gaspillages de matière, et les ''emmanches'' avec les exportateurs sont étouffés.

-Comment enfin pour les scieurs artisans et semi-industriels subsister avec des normes et du législatif appliqués sans considération de taille ?

Ensuite je pense que la scierie française se ment ; l'inertie et le poids de la tradition doivent cesser. La mutation doit venir.

Aux approvisionnements : pour les raisons invoquées ci-dessus. L'ONF en l'état, n'est pas un interlocuteur fiable, moderne, réactif. Nous devons l'amener à valoriser la ressource mobilisée. Par des contrats par qualité ; par des unités de produits ; par la sécurisation de nos achats. Il n'est pas le seul fautif, certains scieurs, notamment dans le feuillu, se ''gargarisent'' en jouant trop ''les gros bras'' dans les ventes (ce qui pousse à la surenchère), sans se soucier du qualitatif. Je pense aussi que c'est le moyen de valoriser le métier d'agent ONF, notre interlocuteur.

En développant les achats ciblés et/ou par qualité et/ou triés vers les intermédiaires tels que les exploitants / exportateurs, que la FNB cherche trop à sortir du jeu. Après la tempête de 1999, nous n'avons plus eu besoin d'eux. Ils ne sont pas morts et certains sont apparus grâce aux marchés d'export et de grand export. Ils font peur, car ce sont des puissances financières : leurs rotations sont courtes, pas les nôtres ; leurs clients payent avant expédition pas les nôtres. Il faut les remettre parmi nos fournisseurs, parmi nos interlocuteurs ; ce sont des gros mobilisateurs de bois. C'est le seul moyen de contrecarrer l'export, leur acheter du bois. Ils pourront se passer de nous, l'inverse à long terme sera difficile. Nous avons des cartes à jouer avec eux : la relation de proximité (la Chine est un marché impersonnel, sans reconnaissance ni humaine, ni du travail, ni de la qualité de la matière ; la relation commerciale s'arrête aux lettres de crédit et aux ''claims'' : réclamations), le chêne et les scieurs ont ce rapport à la qualité et à la valorisation.

-En se rapprochant de ce que va fournir la forêt. La forêt publique ne sera plus notre principal fournisseur : les gros bois disparaissent, les bois moyens sont rares par des retards de régénération dans le feuillu. La forêt publique aura un enjeu de renouvellement des peuplements, moins de mobilisation. C'est un peu moins vrai dans le résineux

-En forêt privée, les gros bois sont déjà rares, les bois moyens 35/55 cm sont nombreux, les régénérations importantes.

Les exportateurs et les exploitants sont présents dans les forêts privées ; l'Asie est amateur de petits bois / bois moyens. Dans le résineux, les industriels ont déjà muté. Dans le feuillu, les scieries ne savent pas utiliser ces petits bois et bois moyens et, au contraire, se ruent sur les gros bois rares et donc hors de prix.

Les propriétaires ont changé de comportement pour de bonnes ou mauvaises raisons (ce n'est pas à juger) : ils veulent du rendement, des solutions « clé en main » pour toutes leurs essences et le bois de chauffage. Et ils n'ont plus un souci patrimonial. La solution « clé en main », seuls les exploitants et les coopératives peuvent la fournir et le tri ciblé vers une scierie de frêne, une scierie de plots ou de hêtre ou de traverses est leur métier ; en segmentant pour les scieries spécialisées ou en travaillant à l'unité de produits pour une scierie multi produits. Les propriétaires voulant le rendement ne développeront donc pas de gros bois à lente rotation.

-En développant des outils de production dans le feuillu pour passer ces petits et moyens bois. Comment à terme scier un bois de 45 cm de diamètre sur un volant de diamètre 140 cm et pour quels apports : financier, technique ? Nous irons donc vers des outils performants en rapport avec la ressource et vers la productivité. Les résineux l'ont compris, avec du retard, les feuillus vont le subir... je pense. Et régleront en même temps une partie du problème « des exportations ».

-En intégrant des secondes transformations : collage, rabotage, pour produire directement carrelets, parquets, panneaux. En se regroupant aussi.

-En se souciant de commercialisation directe.

-En se souciant de formation.

Enfin, je pense que la scierie française, même si elle a oublié de muter ou n'a pas muté assez vite, a une force : c'est sa diversité. C'est un ''monstre'' à plusieurs têtes qu'il faut conserver.

Tout le monde ne pourra pas respecter à la lettre ce qu'il faudrait faire et personne n'a la prétention de le savoir à 100 %. Certaines scieries seront mixtes ou "multi-essences" ou "multi-produits", d'autres pourront monter deux lignes de sciage GB et PB/ BM, d'autres encore se spécialiseront, ou se regrouperont, etc.

Mais il faut que tous ces acteurs recréent une filière et avancent d'un seul pas dans leur relation avec cohérence et raison. L'ONF ne guérira pas seul de ses maux, et la FNB n'empêchera pas l'export de se développer sur le ''terreau de la mauvaise foi''.

En tout cas merci de nous sortir la tête du guidon et de nous mettre face à nos contradictions. Pour, et c'est l'essentiel, rebondir et inverser la courbe.

Nathalie Jaupart-Chourrout : Journaliste Forêt-bois

Le dossier ''scierie 2025'' est très complet et pose bien les problèmes, je n'ai que quelques réflexions à ajouter à la marge.

Il me semble qu'effectivement les questions essentielles sont celles citées. Des questions subsistent :

-Est-ce que l'autofinancement sera suffisant pour autoriser l'expansion voulue, ou est-ce qu'il est nécessaire de trouver des fonds propres extérieurs ?

-Les investissements correspondants à l'augmentation de production permettront-ils, s'ils sont pertinents, d'arriver à des niveaux de compétitivité et de rentabilité corrects, disons la moyenne de l'industrie ?

-Les entreprises pourraient-elles supporter une hausse des taux d'emprunt ?

-Comment mettre en œuvre les mesures nouvelles du gouvernement, en faveur de la transmission d'entreprise, dans le secteur de la scierie, où la question devient urgente ?

La question est donc d'avoir les réponses à ces questions, qui relèvent de compétences financières pointues. Que dit la BPI (Banque Publique d'Investissement) par exemple ? Vanessa Giraud y est en charge de la filière bois, il faudrait lui soumettre la question.

Il me semble à ce propos qu'il était grand temps que la FNB cite des chiffres un peu précis et que l'on a manqué, par le passé, de données économiques suffisantes pour poser les bonnes questions. Tant mieux si ça change.

Pour la France, les solutions me semblent de toute façon devoir tenir compte aussi du contexte français qui n'est pas celui de l'Allemagne ou de l'Autriche. Compte tenu de la culture rurale française et de l'attachement au territoire qui semble aujourd'hui plus fort que jamais, il me semble qu'il faille envisager deux vitesses de développement, selon que l'on veuille privilégier la production à destination de marchés nationaux comme celui de la construction de logements pour lesquels il faut une offre standardisée et en quantité suffisante, et une production plus locale à destination des marchés locaux, type bâtiments agricoles, ou locaux de petites entreprises, pour lesquels il faut au contraire une offre à la demande et des services de conseil pour choisir les solutions adaptées, etc.

On voit dans d'autres branches cette différenciation se faire, ex : couture, édition, alimentation, etc. Et, enfin, une troisième production de niche, mettant en valeur les bois de grande qualité, à destination de marchés plus luxueux, bâtiments de prestige, etc. Il faudrait une aide différente selon les trois cas.

Enfin un point souvent évoqué par les scieurs est la difficulté à trouver des jeunes voulant travailler dans la scierie. Je ne sais pas quel serait le moyen le plus efficace. L'idéal serait un film fiction qui ferait un nombre d'entrées record et créerait le « buzz ». Il faut redorer l'image de la scierie, faire comprendre aux jeunes que c'est une industrie moderne et écologique où tout est à faire... Et faire passer le message au collège.

Pierre Martin : Condat

Étude vraiment très intéressante.

Malgré les discussions que l'on a et après lecture de l'étude ''scierie 2025'', il est difficile pour moi d'avoir une approche de connaisseur sur le sujet.

8,2 Mm^3 de bois scié en 2017 avec 1450 scieries face aux 9,3 Mm^3 débités avec 2200 scieries il y a 10 ans. Cela correspond à 1,1 Mm^3 pour 750 scieries : Malgré l'investissement de gros sites, le volume n'est pas repris : resterait-il de la place pour les plus petits ?

- Quid également de l'approvisionnement. Le bois est là, mais l'étude soulève un point intéressant : Le bois est-il adapté aux scieries ?

- Quid également de la formation : avons-nous les hommes pour suivre ?

Marc Siat

J'ai bien lu le dossier que je trouve complet.

Je pense qu'on ne parle pas assez du consommateur. In fine, c'est lui qui fait vivre l'industrie, qui décide qui va se développer et ce qui va fonctionner.

L'analyse part de l'amont vers l'aval, et des moyens de production, ce qui est bien. Il faut aussi aller de l'aval vers l'amont, je pense. Cela explique une grosse partie des soucis de la scierie, tant en résineux qu'en feuillus.

Je proposerais comme axe d'analyse :

-Évolution des usages du bois. Passage vers des bois de plus en plus techniques avec des cahiers des charges de plus en plus précis.

-Évolution des modes de construction. Si je parle des métiers de la charpente, nous assistons à une évolution de la maison particulière vers le collectif, à une progression de la maison à toit plat, et surtout à une progression de l'isolation et de l'aménagement des combles, qui rend l'utilisation de bois brut beaucoup plus marginal.

-Évolution des modes de distribution. Vente par la GSB en plein essor, aux dépens du négoce, ce qui veut dire que le consommateur final (qui n'y connaît rien) choisit les bois, selon un cahier des charges qui lui est propre (bois blanc, petits nœuds, etc.). Disparition de l'homme de l'art, seul à même de faire pousser des sapins à gros nœuds, pourtant qualitativement supérieurs.

-Cette évolution des modes de distribution favorise de plus systématiquement les filières privilégiant le coût aux dépens de la qualité. Une entreprise comme Castorama (Kingfisher) fait des appels d'offres européens et va au moins-disant systématiquement.

-Méconnaissance complète de la population des impératifs de la filière et de la forêt.

-Évolution normative qui ne permet pas à la filière de se battre à armes égales. Je pense par exemple à l'autoclave. Va te battre sur ce marché colossal avec les Polonais ou les Lituaniens qui font de la merde à prix massacré, sans normes de protection de l'environnement ou des hommes

-Déconnection entre l'outil de production français, et les besoins des consommateurs, qui sont mal instruits, mal formés, mais qui décident in fine, et du coup, consomment des bois techniques produits en Allemagne.

-Je pense que cela explique le ''gros'' des problèmes. Les bois d'import sont soient des bois techniques (Allemands pour le lamellé-collé ou le CLT, polonais pour l'autoclave, lituanien/russe pour certains produits finis), soit des bois à destination des usines de bois techniques français (Scandinavie/Russie pour les usines de lamellé-collé). Il est frappant que les usines de lamellé-collé de Sève ou Piveteau consomment du bois scandinave.

Florian Pomarède : Scierie Boissif

Le « gros bois » à terme une problématique qui n'en sera pas une !

L'outil industriel se transforme, même chez nous (petit scieur).

Les leaders, en effet, courent en tête, mais nous courons derrière eux… tout de même !

La petite scierie de demain, à mon sens, ne sera qu'industrielle.

Les problématiques de normes environnementales et celles sur la sécurité ont des coûts, en effet, même le plus petit transformateur sera obligé d'automatiser et d'améliorer sa production. Ce sera un souci de productivité permanente. Gros bois, petit bois même combat, il nous faut des petits bois (en diamètre pas en âge) pour les marchés du bardage et de la terrasse en douglas duramenisé.

Les gros diamètres sont utiles pour des pièces de fortes sections dans l'aménagement extérieur. Qu'on le veuille ou non, les marchés se standardisent et se rationalisent. En 10 ans d'activité, je l'ai constaté, c'est incroyable.

L'important, c'est d'écraser notre coût de production que l'on soit gros ou petit.

Aujourd'hui malgré une conjoncture très favorable nous reconstituons nos marges. Pas seulement grâce au marché, mais surtout parce que l'on regarde nos coûts de fabrication au quotidien.

Tout ceci est valable dès lors que l'on veut produire du sciage, du séchage et du bois raboté… ça ne s'arrête pas.

Et bien sûr, toutes ces prestations doivent être compétitives et effectuées dans les règles de l'art. En espérant que ces quelques mots t'apportent de l'eau pour tes futurs articles.

Lionel PIET : Coforêt

Pour accroître le volume de sciages, il faut reconquérir le 1,35 Mm^3 net importé, et accompagner le développement du matériau bois notamment dans la construction, l'aménagement intérieur. Dans ces deux axes, ce sont surtout des bois d'ingénierie qui sont ciblés, et beaucoup moins du bois massif. Des investissements en conséquence vont être indispensables pour offrir la qualité attendue.

Il faut analyser les causes qui font que la deuxième transformation s'approvisionne à 60 % en bois du Nord : rapport qualité/prix, savoir-faire commercial, habitudes, et pourquoi des filiales de scieries qui collent du bois s'approvisionnent en bois du Nord ? Que faire des gros bois et des sapins, tandis que la tension devient forte sur les épicéas à canter, largement attaqués par les scolytes par ailleurs. La montée en puissance du douglas pourra compenser en partie.

ANNEXES

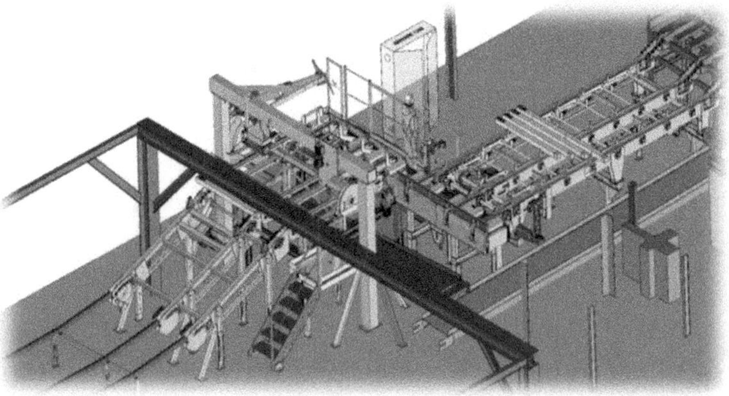

LE SECTEUR INDUSTRIEL DU RÉSINEUX OBSERVÉ DE PRÈS

État 2017 non exhaustif des 64 unités de transformation industrielles du résineux français possédant de la cantérisation et du ruban conventionnel (sources : article presse, annuaire professionnel, https://www.societe.com, Observatoire métier scierie)

N° Scierie/Groupe	Département	Nb scieries	Volume grumes canter en m^3	Volume grume ruban en m^3	Système productif
Monnet sève-1	01, 58	2	775 000		Lignes canter circulaire
"	01, 70	2		60 000	Ligne ruban gros bois
Ducret - 2	O1, 71	2	180 000	40 000	Ligne canter circulaire+ ligne ruban + Télécant et ligne gros bois à venir
Chadelat -3	15, 48	2	40 000	10 000	ligne canter + ruban a grume
PGS Synergie-4	18	1	60 000		Lignes canter circulaire
Scierie des Gardes- 5	19, 23, 16	3	100 000	10 000	Ligne canter + ligne ruban
Piveteau-Farges- 6	19	1	130 000		Ligne profilage bois moyens
Fruytier-7	21	1	330 000		Ligne canter circulaire
Tartière-8	23, 63	2	110 000	18 000	ligne canter petits bois + twin reverse + ligne ruban gros bois en projet
RHD Productions-9	25	1	50 000	20 000	Ligne châssis centre de reprise + ligne ruban gros bois
Blanc-10	26	1	30 000	20 000	Ligne canter circulaire+ ligne ruban gros bois
Gers sciage-11	32	1	40 000		Profilage petits bois + ligne ruban suspendu
Eymard -12	38	1	30 000	20 000	Ligne canter circulaire + ligne ruban gros bois
BDD- 13	38	1	200 000		Ligne canter circulaire
Jacquemin-14	39	1	15 000	15 000	Ligne canter circulaire + ligne ruban gros bois
Chauvin-15	39	1	150 000	30 000	Ligne canter circulaire + ligne ruban gros bois
PGS Beynel-16	40	1	400 000		Lignes canter

					circulaire
Lesbat-17	40	2	220 000		Lignes canter circulaire
Chassignol-18	42	1	30 000		Ligne canter sciage suspendu
Seignol-19	42	1	110 000	20 000	Profilage petits bois + ligne ruban suspendu
Gallien-20	43	1	110 000	15 000	Ligne canter circulaire+ ligne ruban gros bois
"	43	1		60 000	Ligne canter quad
"	63	1		15 000	Ligne ruban
Philipon-21	43	1	20 000	10 000	Ligne canter circulaire+ ligne ruban gros bois
Moulin-22	43, 42	2	280 000	30 000	Lignes canter circulaire+ ligne ruban gros bois
Filaire-23	43	1	35 000	30000	Ligne canter circulaire + ligne ruban gros bois
Engelevin - Lescure -24	48	1	80 000	4 000	Ligne canter circulaire + ligne ruban gros bois
"	81	1	80 000		Ligne canter circulaire
Buffière-25	48	1	20 000	15 000	Profilage petits bois + ligne ruban gros bois
Bout -26	48	1	35 000	15 000	Ligne canter circulaire + ligne ruban gros bois
Kunkel-27	50	1	30 000	36 000	Ligne canter circulaire + ligne ruban gros bois
Decker-28	54	1	88 000		Ligne canter circulaire
PGS-Josso-29	56	1	88 000		Ligne canter circulaire
Aprobois-30	56	1	55 000		Ligne sciage suspendu 4,0
Livrabois-Gallien -31	63	1	110 000		Ligne canter circulaire
Veyrière-32	63	1	90 000	35 000	Ligne canter circulaire + ligne ruban gros bois
Dubot-33	63	1	200 000	40 000	Lignes canter circulaire + ligne ruban gros bois
Gerhard-34	67	1	40 000	10 000	Ligne canter circulaire + ligne ruban gros bois
PGS- SAS ORTH-35	67	1	80 000		Profilage petits Bois

Schilliger -36	67	1	300 000	30 000	Ligne canter circulaire + ligne ruban gros bois
Siat-37	67	1	650 000	44 000	Ligne canter circulaire + ligne ruban gros bois
Feidt-38	67	1	100 000		Ligne canter circulaire
Provvedi-39	69	1		50 000	Ligne ruban gros bois
Garmier-40	71	1	40 000	15 000	Ligne canter circulaire + lignes ruban gros bois
Coforêt-41	71	1	22 000		canter circulaire + centre de reprise
Scieries Réunies de savoie-42	73	1	100 000	50 000	Ligne canter + ruban conventionnel gros bois
Betemps-Lescure-43	74	1	80 000	20 000	ligne ruban gros bois + canter bois fort avec carrousel
Archimbaud-44	79	1	300 000	20 000	Ligne canter circulaire + ligne ruban gros bois
Brassac industrie-Lescure-45	81	1	160 000		Canter quad ruban
Chabbert (soc. Européenne bois)-46	81	1	80 000	NC	Ligne canter circulaire + ligne ruban gros bois
Piveteau vendée-47	85	1	100 000	10 000	Ligne canter circulaire + ligne ruban gros bois
Scierie du Limousin-48	87	1	44 000		Ligne canter circulaire
Bois et scierie du Centre-49	87	1	140 000		Ligne canter circulaire
Germain Mougenot-50	88	1	180 000	25 000	Ligne canter circulaire + ligne ruban gros bois
Lemaire-51	88	1	110 000	25 000	Ligne canter circulaire + ligne ruban gros bois
	TOTAL	64	**6 847 000**	**867 000**	

Regard sur la situation des principales scieries industrielles dans le résineux

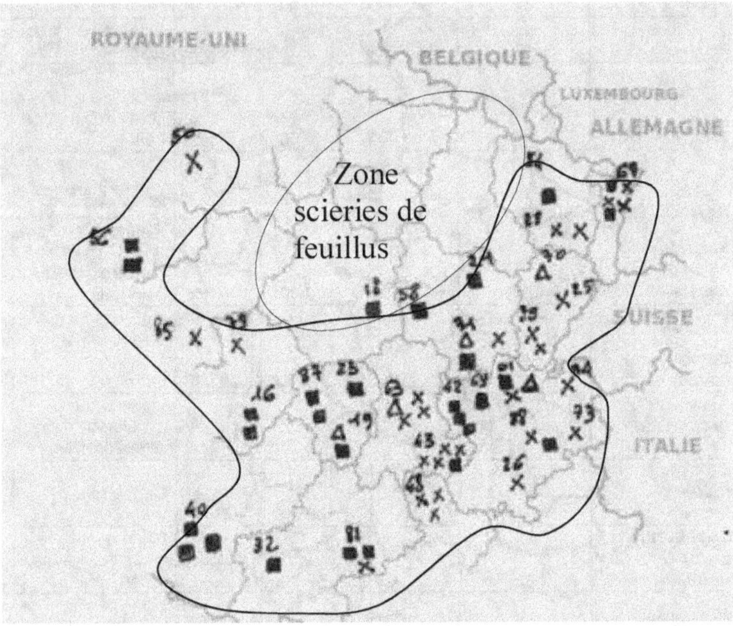

Situation en France des principales scieries industrielles de résineux et de feuillus : Source : Observatoire du métier de la scierie

Constats

-Les entreprises sont positionnées sur la diagonale Est-Sud ouest avec une remontée Vendée, Bretagne Manche…

-Les installations correspondent à l'emplacement des réservoirs forestiers : douglas du Massif central, pin maritime des Landes, sapins du Massif central, ou des Alpes ou encore des Vosges…

-28 unités de transformation ont une ligne canter et une ligne ruban à grumes. Ce sont des scieries qui historiquement étaient équipées de scies à ruban pour transformer les résineux de tous diamètres. Les modernisations se sont achevées par l'installation de canters, le plus souvent circulaires.

-7 unités, font partie d'un groupe et possèdent une ligne ruban hors scierie historique. Ce sont des scieries qui ont été rachetées suite à un arrêt d'activité : dépôt de bilan, départ à la retraite, etc.

-29 unités possèdent un canter seul. Seulement quelques unités pour le sciage des bois moyens pour la charpente et le reste, ce sont des unités qui transforment les petits diamètres pour obtenir les sciages destinés à l'emballage.

-Le sondage a mis en avant un volume approximatif de 7,5 Mm^3 de grumes (dont 0,9 Mm^3 transformé avec des scies à ruban, un peu moins de 10%). Ce volume de grumes donne 3,75 Mm^3 de sciages, soit la moitié du volume total de m3 sciés en résineux.

Recensement des moyens de production dans le résineux

Afin d'affiner l'étude du milieu, le recensement met en avant les principales entreprises industrielles qui transforment les résineux par cantérisation.

Un volume approximatif de grumes de 6 847 000 m^3 passe par la cantérisation dans environ 57 scieries (64, étant le chiffre total d'unités de transformation possédant ligne canter et ruban), auquel il convient d'ajouter 867 000 m^3 débités par une ou plusieurs lignes rubans, au sein même des scieries qui cantérisent ou dans une scierie dédiée acquise suite à un dépôt de bilan ou d'arrêt d'activité…

À la lecture du graphique, on constate que la cantérisation est appliquée dans les 14 scieries les plus grosses qui débitent en moyenne entre 700 000 m^3 et 200 000 m^3. Ce sont des scieries qui produisent de la charpente avec des diamètres moyens de billes (400 mm), voire quelques diamètres forts (jusqu'à 650 mm). Les 43 autres lignes mélangent les diamètres moyens et faibles (150 mm en moyenne) pour les produits d'emballage.

Les chiffres parlent d'eux-mêmes : avec 6,8 Mm^3, soit 3,5 Mm^3 de sciage avec un rendement matière de 50 %, la cantérisation occupe une place déterminante dans le sciage national. Si l'on ajoute les 400 000 m^3 de sciages obtenus avec les lignes ruban on est presque en adéquation avec les données Agreste qui comptabilisent dans la classe de production des 20 000 m^3 et plus, 75 scieries, soit 5 %, pour 54 % de la production, soit 4,2 Mm^3. Une autre indication permet de déconstruire l'idée qu'il n'y a plus de moyens productifs pour le sciage des gros et très gros bois.

Ces moyens techniques existent dans le domaine industriel : 400 000 m^3 évoqués dans cette étude auxquels il convient d'ajouter les volumes de sciages des domaines semi-industriel et artisanal réalisés avec aussi du matériel à base de ruban à grumes et de centre de reprise circulaire.

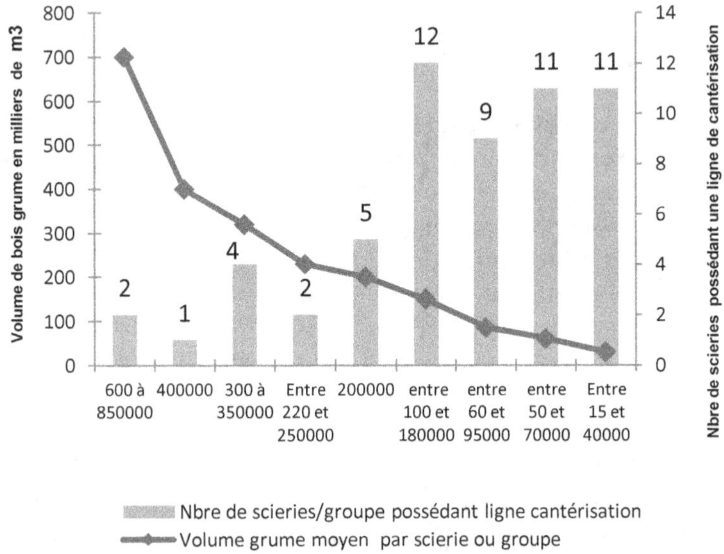

Graphique montrant les scieries de résineux industrielles possédant une ligne de cantérisation : Source : Observatoire métier scierie

INVESTISSEMENTS DANS LES SCERIES INDUSTRIELLES :

Source Bois Mag et Observatoire métier de la scierie

Investissements signalés dans le résineux :

-Scierie Germain Mougenot à Saulxures-sur-Moselotte (Vosges). 15 M d'euros pour doubler sa capacité de production grâce à deux systèmes canter et ruban associés. Septembre 2017. Débit de grumes de 14 à 75 cm de diamètre.

-Scieries réunies de Savoie, Lapierre et Martin, à Rognaix (Savoie). Projet entamé en 2011 et opérationnel sept ans plus tard. Capacité de sciage 600 m^3 par jour sur une ligne canter Linck. Elle vient compléter la ligne existante, réservée aux gros bois.

-Bois et scieries du Centre à Moissannes (Haute-Vienne). Investissement de 20 millions d'euros pour l'installation d'une centrale de cogénération Agro Forst, d'une unité de granulation Imal et de quatre séchoirs à bois Secal.

-Piveteau, Sainte Florence, Vendée. Nouvelle ligne de sciage et d'un parc à grumes équipé du scanner CTLog Microtec acquis à Hanovre lors de La Ligna 2017. Lancement aussi de l'usine de panneaux CLT Hexapli (prévision 50 000 m3 en 2020).

-Scierie Lemaire à Moussey (Vosges) a acquis une ligne de rabotage (2 millions d'euros) pour la charpente et l'ossature.

-Les scieries d'Aquitaine, Lesbat à Saint Perdon (Landes) ont mis en service début 2018 une ligne d'aboutage permettant d'obtenir des bois de 13 m de long destinés à être utilisés en structure.

-Aprobois à Carhaix en Bretagne a investi dans une ligne de sciage suspendu 4.0 Finega pour augmenter sa production de sciages destinés à l'emballage.

-Scierie Celle à Araules en Haute-Loire a renouvelé l'installation de son parc à grumes (3 millions d'euros) qui passera 500 m3 par jour d'ici cinq ans. Une scierie spécialisée dans la production d'emballage. Elle arrive en 3ème position dans le département, derrière Gallien (Craponne-sur-Arzon) et Moulin (Dunières).

-Le groupe Monnet-Sève a investi 6 millions d'euros pour installer à Sougy-sur-Loire (Nièvre) un classeur à planches Kallfass de 90 cases et 2,5 millions d'euros pour équiper la scierie de Saint Vulbas (Ain) d'une écorceuse Nicolson et d'une déligneuse rapide

Esterer. En 2019 est prévu l'installation d'un scanner Fin Scan pour accroître le rendement et contrôler la qualité des sciages.

-Le groupe Archimbaud prépare sur son site de Secondigné-sur-Belle (Deux Sèvres) la mise en place d'une scierie de gros bois (diamètres de 500 à 900 mm) en résineux et peuplier. Les produits sont destinés à l'emballage.

En projets à l'horizon 2020 :

-Le groupe Moulinvest prévoit un investissement de 32 millions d'euros sur son site historique de Dunières (Haute-Loire) : installation d'une ligne de sciage haute performance Linck et d'un classeur Springer en vue d'augmenter de manière significative la capacité de sciage et de trier les produits par classe d'emploi et qualité. À ces projets se rajoute une nouvelle centrale thermique afin d'alimenter les séchoirs de la scierie (1000 m3 par semaine).

-Le groupe Tartière, spécialiste des sciages de palettes et d'emballage avec deux unités à Bourganeuf (Corrèze) et Villosanges (Puy-de-Dôme) envisage la construction d'une nouvelle scierie pour les gros bois résineux à Ussel (Corrèze) en vue de s'ouvrir à de nouveaux débouchés en direction de la construction. Capacité prévue environ 70 000 m^3 par an. Coût évalué à 25 millions d'euros. Lancement espéré en 2020.

-Farges Bois (Groupe Piveteau), à Égleton (Corrèze) programme 15 à 18 millions d'euros d'ici 2020 pour doubler sa capacité de rabotage, acquérir un trieur et un scanner en vue d'augmenter la capacité de sciage à 250 000 m^3 par an contre 150 000 m3 par an actuellement.

Investissement signalés dans le feuillu :

-Surtout des investissements de ''renouvellement de matériel'' scie à grumes, chariot de découpe, empileuse, séchoir…mais aussi d'envergure comme :

-Le groupe Lefebvre, a investi environ 6 millions d'euros pour sa nouvelle scierie, matériel LBL, des Grandes Ventes (Seine Maritime). Elle a démarré en mars 2018 et débite 20 000 m^3 de hêtre supplémentaire.

-La Scierie et caisserie de Steinbourg (Bas-Rhin) prévoit fin 2018 l'entrée en production de sa deuxième ligne de sciage Primultini et de deux lignes de triage empilage Kallfass. 75 000 m^3 de grumes débitées sont envisagées pour monter à 100 000 m^3 par an en 2020. Investissement de 10 millions d'euros pour une PME qui réalise un CA de l'ordre de 15 millions de CA annuel.

-La scierie Ciolli frères SA, basée à Beaumont (Meurthe-et-Moselle), 25 000 m^3 de grumes de hêtre par an, réfléchit à un projet visant 130 000 m^3 de grumes de hêtre par an avec mise en place d'une cogénération.

ANALYSE MILIEU PAR LA BANQUE DE FRANCE POUR LA FNB Assemblée Générale de décembre 2018

En 2017 sur 865 scieries ''testées'' on dénombre 510 entreprises feuillues 355 résineuses.

État des lieux

-80 % ont plus de 20 ans d'existence.

-Forte présence des scieries dans les moins de 50 salariés.

-1/3 des dirigeants ont plus de 60 ans.

Transmission-défaillance

-Les transmissions sont réalisées dans le cadre familial ou par un associé.

-Dans les défaillances d'entreprises entre 2013 et 2017 : 54 % ont moins de 10 salariés et 80 % ont plus de 20 ans d'existence.

-Très peu de création de nouvelles entreprises pour assurer le renouvellement.

De 2013 à 2017 pour 593 scieries testées (346 F et 247 R) avec un effectif salarial de 8 377 dans le feuillu et 7023 dans le résineux.

Évolution du chiffre d'affaires

-75 % en augmentation dans les feuillus.

-62 % en augmentation dans les résineux.

Export

- En feuillus, 57 % des entreprises exportent et 44 % font plus de 10 % d'export.

- En résineux, 44 % des entreprises exportent et 18 % font plus de 10 % d'export.

Valeur ajoutée

-Malgré l'augmentation du CA dans le résineux, la valeur ajoutée n'augmente pas (+1,1 %) alors qu'elle est de +12,7 % dans le feuillu.

Investissements

-Pour les feuillus, le montant moyen des investissements a augmenté de 20 % entre 2016 et 2017, mais seulement 4 entreprises ont engagé 50 % des investissements en 2017.

L'investissement dans le résineux est stable, voire en baisse légère. L'investissement dans le feuillu ne cesse de progresser.

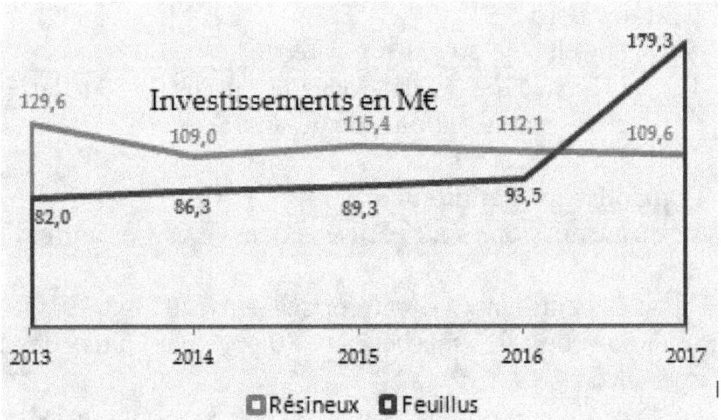

Autofinancement

-Il progresse très sensiblement depuis 2013. En 2017 on constate.

+ 10 points pour les feuillus et + 5 points pour les résineux.

Taux de fonds propres en %

- Les résineux renforcent leur niveau de fonds propres et les feuillus le confortent à bon niveau : 48 % pour les feuillus et 39 % pour les résineux. (Industrie France < 250 salariés : 44 %).

Équipement productif en milliers d'euros par salarié

-Il y a un niveau d'équipement par salarié très élevé dans la scierie comparativement à l'industrie où il se situe aux alentours de 87 000 € par salarié (entreprise < 250 salariés) : 159 000 €/salarié dans le résineux et 127 000 € dans le feuillu. Confirmation du taux d'investissement le plus fort de la filière bois.

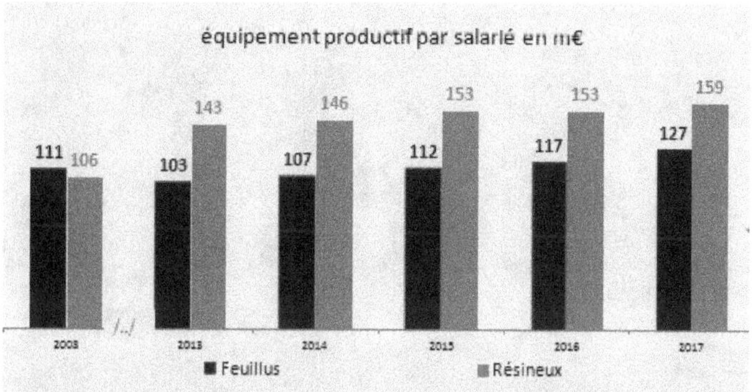

Endettement bancaire

-Il reste important aussi bien dans le secteur du feuillu que dans celui du résineux : 473 M€ dans le feuillu et 463 M€ dans le résineux.

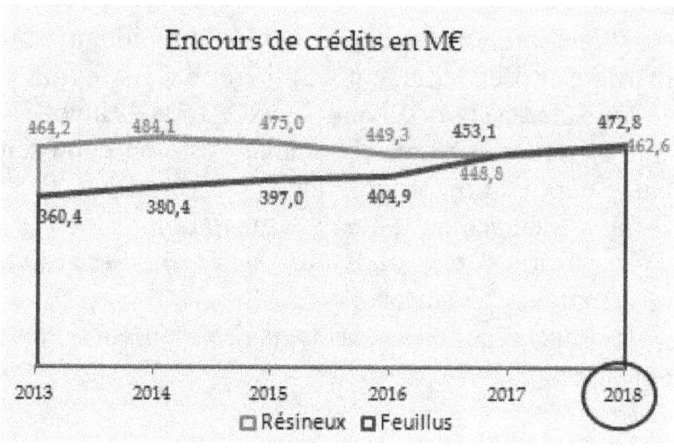

Trésorerie nette

-La trésorerie nette en jours de chiffres d'affaires et en progression depuis 2013. En 2017, 29 jours pour le feuillu et 20 pour le résineux.

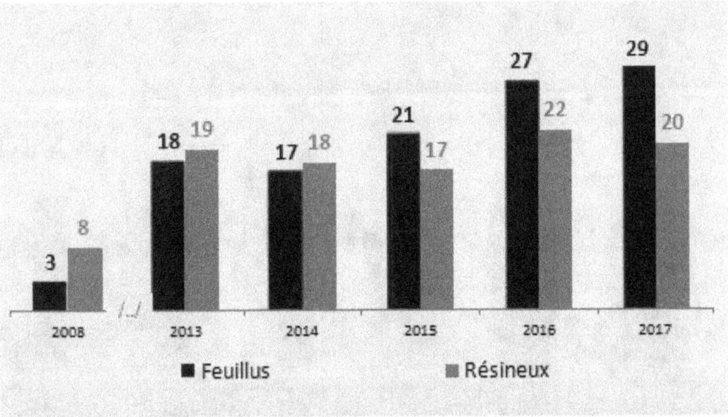

Vulnérabilité des scieries

-Vulnérabilité en hausse dans le résineux.

Synthèse :

Après une année 2015 soulignant un renforcement des difficultés, notamment dans le résineux, des points positifs se dégagent en 2016-2017 :

-l'amélioration se confirme dans le feuillu, avec un écart de rentabilité et d'endettement très favorable en feuillu ;

-les scieries poursuivent leurs efforts d'investissement, bien que le retour sur investissements reste en demi-teinte, les résultats d'exploitation progressent ;

-l'autofinancement est en augmentation ;

-les besoins en fonds de roulement sont stables, la trésorerie nette est en hausse ;

-le taux d'endettement bancaire, toujours élevé, est contenu.

Des points de vigilance persistent :

-le taux de valeur ajoutée stagne en regard de consommations des tiers à la hausse ;

-la transmission, une réflexion à mener ;

-une fragilité encore avérée, se traduisant par des défaillances ;

-la proportion de la vulnérabilité est en hausse dans le résineux d'après la cotation Banque de France.

BIBLIOGRAPHIE

AGRESTE, *La forêt et les industries du bois*, Service central des enquêtes et études statistiques, 2016

BOURGAU Jean-Marie et Al., *La forêt française en 2050-2010. Essai de prospective* (collectif), Éditions Cêtre, 2009

BRÉDIF Hervé et BOUDINOT Pierre, *Quelles forêts pour demain ?* L'Harmattan, 2001

CGAAER, *La France et ses campagnes 2025-2050.* 2013

CHALAYER Maurice, *La scierie française, un métier d'expert*, L'Harmattan, 2001

CHALAYER Maurice, *La scierie française et ses enjeux*, L'Harmattan, 2005

CHALAYER Maurice, *L'avenir de la scierie française*, L'Harmattan, 2007

CHALAYER Maurice, *La scierie française et la production*, L'Harmattan, 2009

CHALAYER Maurice, *La scierie française et le commercial*, L'Harmattan, 2011

CHALAYER Maurice, *La scierie française et la productivité*, L'Harmattan, 2014

CHALAYER Maurice, *Le futur de la scierie française*, L'Harmattan, 2017

DE ROSNAY Joël, *2020 Les Scénarios du futur*, Des idées et des hommes, 2007

ERKMAN Suren, *Vers une écologie industrielle*, Éditions Charles Léopold Mayer, 2004

INDUSTRIE DU BOIS SUISSE, Rapport annuel 2017, http://www.holz-bois.ch/.

JACOB Pascal, *La diagonale des scieries*, Cahier du Cobaty, n°6, décembre 2007

PRÉVOT Henri, *L'économie de la forêt : mieux exploiter un patrimoine*, Édisud, 1993

TABLE DES MATIÈRES

..

Structures éditoriales du groupe L'Harmattan

L'Harmattan Italie
Via degli Artisti, 15
10124 Torino
harmattan.italia@gmail.com

L'Harmattan Hongrie
Kossuth l. u. 14-16.
1053 Budapest
harmattan@harmattan.hu

L'Harmattan Sénégal
10 VDN en face Mermoz
BP 45034 Dakar-Fann
senharmattan@gmail.com

L'Harmattan Cameroun
TSINGA/FECAFOOT
BP 11486 Yaoundé
inkoukam@gmail.com

L'Harmattan Burkina Faso
Achille Somé – tengnule@hotmail.fr

L'Harmattan Guinée
Almamya, rue KA 028 OKB Agency
BP 3470 Conakry
harmattanguinee@yahoo.fr

L'Harmattan RDC
185, avenue Nyangwe
Commune de Lingwala – Kinshasa
matangilamusadila@yahoo.fr

L'Harmattan Congo
67, boulevard Denis-Sassou-N'Guesso
BP 2874 Brazzaville
harmattan.congo@yahoo.fr

L'Harmattan Mali
Sirakoro-Meguetana V31
Bamako
syllaka@yahoo.fr

L'Harmattan Togo
Djidjole – Lomé
Maison Amela
face EPP BATOME
ddamela@aol.com

L'Harmattan Côte d'Ivoire
Résidence Karl – Cité des Arts
Abidjan-Cocody
03 BP 1588 Abidjan
espace_harmattan.ci@hotmail.fr

L'Harmattan Algérie
22, rue Moulay-Mohamed
31000 Oran
info2@harmattan-algerie.com

L'Harmattan Maroc
5, rue Ferrane-Kouicha, Talaâ-Elkbira
Chrableyine, Fès-Médine
30000 Fès
harmattan.maroc@gmail.com

Nos librairies en France

Librairie internationale
16, rue des Écoles – 75005 Paris
librairie.internationale@harmattan.fr
01 40 46 79 11
www.librairieharmattan.com

Librairie l'Espace Harmattan
21 bis, rue des Écoles – 75005 Paris
librairie.espace@harmattan.fr
01 43 29 49 42

Lib. sciences humaines & histoire
21, rue des Écoles – 75005 Paris
librairie.sh@harmattan.fr
01 46 34 13 71
www.librairieharmattansh.com

Lib. Méditerranée & Moyen-Orient
7, rue des Carmes – 75005 Paris
librairie.mediterranee@harmattan.fr
01 43 29 71 15

Librairie Le Lucernaire
53, rue Notre-Dame-des-Champs – 75006 Paris
librairie@lucernaire.fr
01 42 22 67 13

www.ingramcontent.com/pod-product-compliance
Lightning Source LLC
LaVergne TN
LVHW011033061026
849535LV00006B/2074